Unique

Unique

最高の結果を出すKPIマネジメント

主管必看!最強 KPI 管理術

活用10大步驟、53張圖表,績效輕鬆達標

中尾隆一郎 著

林詠純 譯

目錄 CONTENTS

前言：理解 KPI，才能正確活用、發揮最佳效果　008

Chapter 1　KPI 的基礎知識　015

01　KPI 是什麼？　016

02　建立無效 KPI 的常見錯誤　026

03　該如何建立有效 KPI？──KPI 步驟 ①・②　034

04　流程的確認、模式化──KPI 步驟 ③　036

05　鎖定範圍（設定 CSF）──KPI 步驟 ④　039

06　設定目標──KPI 步驟 ⑤　043

07　確認可執行度──KPI 步驟 ⑥　045

08 針對策略的事前檢討與共識 ── KPI 步驟 ⑦・⑧　049

KPI 專欄 ❶ 先做再想，還是先想再做　053

Chapter 2　實踐 KPI 管理的訣竅　059

01 該如何發現無效的 KPI？　060

02 KPI 是「號誌」，所以只有「1 個」　062

03 是誰的 KPI？　065

04 小心！分母是變數！　069

05 必須跨越的障礙　073

06 關鍵字是 PDDS　076

07 是否掌握 PDDS 循環的時間？ 081

08 PDDS 能夠強化組織 086

KPI 專欄 ❷ 使出拿手絕活「TTP 與 TTPS」 088

Chapter 3 實踐 KPI 管理前必須知道的 3 件事 093

01 透過「結構」及「水準」，掌握公司方向性 094

02 實現持續經營的 KGI 097

03 將利益最大化的基本概念 101

Chapter 4 從各種案例中學習吧！
——KPI 案例集 107

案例 1 強化特定銷售活動，提升業績！ 108

案例 2 鎖定區域，擴大業績！ 122

案例 3 根據商品特性，將特定使用者數設定為 KPI 126

案例 4 預判時代變化，將重心轉移到特定商品 135

案例 5 以量計價，提升轉換率！ 142

案例 6 將 KPI 的概念應用到徵才活動 146

案例 7 外部公關活動，須設定目的明確的 KPI 153

案例 8 員工滿意度就是後勤部門的 KPI 157

案例 9 給予適度的彈性與自由提升成功率 160

案例 10 利用 KPI，提升工作能力！　164

案例 11 利用 KPI，在「人生百年」時代健康生活！　168

Chapter 5　試著設定 KPI 吧！　173

01　複習 KPI 的步驟　174

02　開始 KPI 管理前的準備　176

03　確認 KGI　180

04　確認落差　182

05　確認流程　186

06　鎖定範圍（設定 CSF）與 KPI　198

07 確認可執行度　200

08 事先檢討對策　202

09 取得共識並執行　204

10 持續改善　206

11 終極 KPI 管理──以 KPI 進行決策　208

KPI 專欄 ❸ 最強的回顧就是「即時回顧」　211

結語：幸運誕生的書籍，為你帶來幸運的管理契機　212

| 前言

理解 KPI，才能正確活用、發揮最佳效果

　　各位對於瑞可利集團（Recruit）有什麼印象呢？

　　這是一家活潑的行銷公司？還是日本住宅情報 SUUMO 或餐廳訂位網站 HOT PEPPER 等提供的服務？抑或這是間人才輩出的公司？

　　也可能因為瑞可利科技雇用了許多高科技人才，所以最近有人覺得這是一家科技公司；或許也有人會聯想到瑞可利事件（編按：1988 年公司創辦人江副浩正贈與政治人物未上市股票，爆發賄賂醜聞）。

　　容我稍微簡單介紹集團的基本資料：這是一家事業集團，營收約 2 兆日圓，員工人數約 45,000 人，海外營收超過 40%，旗下有人力科技、媒體與解決方案、派遣等 3 個事業群。

　　截至 2018 年 3 月，我已經在瑞可利集團服務了 29 年，這段期間經歷過許多事情。外部或許看不出來，但瑞可利的任何部門、主管與經營階層，都很擅長「根據數字進行判斷」。

成立以來，集團就透過「PC（Profit Center）制度」、「出版制度」、「價值管理制度」、「單位經營」等，將權限下放給現場的管理人員，利用數字掌握進度狀況，並持續改善管理。

　　而 KPI 就是其管理基礎的一部分。

KPI 講座怎麼持續 11 年？

　　瑞可利集團有名為「媒體學校」的學習會。我在媒體學校擔任 11 年的內部講師，傳授「KPI（Key Performance Indicators，關鍵績效指標）」與「解讀數字的方法」。

　　雖然說是講師，也不是專任的。我在處理自身業務之餘，每年授課 2 次，每次約有 50 名學員。因此聽過我上課的經理人或公司夥伴，累積起來已經超過 1,000 名。

　　是否能在下一期繼續開課，取決於學員在課程結束後填寫的問卷。這麼說或許有點厚臉皮，但是能夠持續 11 年，代表這個講座一直都很受歡迎。

　　講座能夠持續 11 年的理由有 2 個：

　　第一，**學員們學會將 KPI 管理應用於實際的業務中**，所以推薦新夥伴參加我的講座。另一個理由則是**我自己在成立新事業時，也實踐了 KPI 管理**。

　　在講座開設後第 5 和第 6 年間，我自己實際成為服務事業的負責人，並將 KPI 管理應用於經營上。

趁著這個機會，我更新了講座的內容。除了原本介紹的理論，也分享自己如何將 KPI 管理實際應用於事業當中，以及設定與改善的方法。

我所介紹的都是現在進行式，不是過時的案例或別人的成功經驗。

例如我負責的事業如何因為設定的 KPI 而進化、我們有什麼樣的掙扎、管理現場又有什麼樣的變化……因此我的授課內容充滿臨場感。而令人欣慰的是，學員們也都聽得津津有味。

不過，我自己的壓力也非同小可。自詡為 KPI 講座的人氣講師，因此在處理實際事業時，我也非常擔心「如果 KPI 管理不順利就自打嘴巴了」……

而且過去的授課內容就放在公司內部網路上，任何人都能隨時查看。即使過去的授課內容與現在的事業結果出現矛盾，也無法修改或刪除。

所幸我負責的事業因為引進 KPI 管理而步上成長軌道，從我離開事業負責人的位置至今，更進一步持續成長。

由此可知，KPI 管理是一套非常強大的工具。

該擺脫「不明所以的 KPI」了

KPI 管理指的是，所有相關人士都持續分享、實施並改善以下 3 點：

① 明確目前事業最重要的步驟（Critical Success Factor, CSF）
② 這項步驟該執行到什麼程度（Key Performance Indicator, KPI）
③ 事業計畫能夠達成嗎？（Key Goal Indicator, KGI）

本書根據我在瑞可利擔任「媒體學校」講師 11 年的課程內容編寫而成。我想分享一種現場至上主義的實用 KPI 管理方法，這和經營事業只看數字那種「不明所以的 KPI」截然不同。

我總會在講座一開始就告訴學員，如果他們在講座結束後能獲得以下感想，這次的講座就算成功：

「開始對 KPI 感興趣。」
「想要（與不知道的人）確認一下自己組織的 KPI。」
「想要（與知道但沒使用的人）應用自己組織的 KPI。」
「想要實際設定 KPI。」
「想要告訴別人這次學到的內容。」

如果你讀完本書後能有同樣的感想，將是我的莫大榮幸，我也會覺得撰寫這本書是成功的。

從基礎到實踐,再學到進階

我每次都會在講座開始之前,詢問學員:「請問你想透過這次講座學到什麼?」而學員許願的內容五花八門。有些人想要從真正基礎中的基礎學起,也有人已經實踐了相當程度的 KPI 管理,因此想要更上一層樓。

大家對於課程的滿意度都很高,因此我想應該也能幫助需求各不相同的讀者。

舉例來說,某次講座前透過問卷調查,我獲得的意見如下:

◎ **想從基礎開始學習 KPI 的人**
- 想從基礎開始學習 KPI
- 想從「KPI 到底是什麼」開始學起
- 不知道 KPI 是什麼,所以想要理解
- 不太清楚 KGI 與 KPI 的差別

◎ **想要實際建立 KPI 並且應用與實踐的人**
- 想要學習如何設定、解讀日常工作中接觸到的 KPI
- 想要了解 KPI 是什麼,並應用到自己的工作當中
- 接到實際設計 KPI 的任務,想要體系化地學習
- 想要系統化學習制定 KPI 的邏輯
- 想要大致理解如何建立 KPI

◎ **想要提升 KPI 管理的水準**

・想要培養利用 KPI 改善業務的能力
・想要更加深入理解事業計畫的制定、KPI 監測的實際操作
・想要有能力判斷開發專案的 KPI 設定是否合適
・希望掌握事業的 KPI 設計、分析觀點、解讀思維，並且有能力與負責事業的組織主管以同樣的視角對話及討論
・希望有能力檢視專案投資決策的 KPI 是否妥當，或是建立其 KPI

我想，這本書能夠滿足有著以上這些需求的人。

當然，KPI 管理並不是萬靈丹，因此無法適用於所有情況。

但是如果正確理解 KPI 管理並準確活用，其適用範圍仍然相當廣泛。畢竟徹底理解後才決定不用，與因為不了解而不用，還是有很大的差別。

再重複一次，KPI 管理的應用範圍遠比大家想像的還要廣泛。請務必正確學習，並試著實踐。

CHAPTER 1.

KPI
的基礎知識

01
KPI 是什麼？

「前輩，KPI 是什麼？」

後輩問我這個問題。如果是你，會怎麼回答呢？

講座的初期，我在沒有提示的情況下問了這個問題。然而得到的回答並不理想。

舉例來說，當時的回答多半都是──

「用數字來看事業。」
「管理許多數字。」
「營收與利益。」

手上拿著這本書的人當中，說不定也有人以為這些回答就是正確答案。

容易遭到誤解的「KPI 定義」

但是「用數字來看事業」、「管理許多數字」並不是 KPI 管理，只是單純以數字做管理，因此屬於指標管理（Indicator Management）。完全漏掉了 KPI 的「K」與「P」，也就是關鍵（Key）與績效（Performance）的部分。

至於「營收與利益」的回答，指的則是 KGI（Key Goal Indicator，關鍵目標指標）。KGI 與 KPI 的拼法，只差在中間的績效（Performance）與目標（Goal）。

簡而言之，**KGI 代表最終目標數值。**

當然也有人能夠正確說明，但把 KPI 與數值管理或 KGI 混為一談的回答，更加引人注目。

因此在講座第 3 年左右，我加入了以下「提示」。

> **提示**
>
> KPI 是「Key Performance Indicator」的縮寫
> Key Performance 是「事業成功的關鍵」
> Indicator 則是「指標・數值目標」

加了這個提示之後，正解率大幅提升了。

沒錯，請看右圖。

KPI 指的就是將「事業成功」的「關鍵」以「數值目標」表現。

很簡單吧？

KPI 的所有一切，就濃縮在這單純且簡潔的一句話當中。

最大的重點就在於，**不是單純用數字來看事業，而是將「事業成功」的「關鍵」看成「數值目標」**。以上透過上下引號標示的部分，事業成功、關鍵、數值目標，都是要強調的重點。

換句話說，進行 KPI 管理就相當於提出這個問題：

「你知道『事業成功』是什麼嗎？」

也就是說，如果不清楚什麼是「事業成功」，就無法開始 KPI 管理。

還有一項重要關鍵：

檢視大量「數值目標」也不是 KPI 管理。關於這點，後續將再詳細說明，總之是非常重要的關鍵。

KPI 是什麼？

Q：後輩問你「KPI 是什麼？」你會怎麼回答呢？

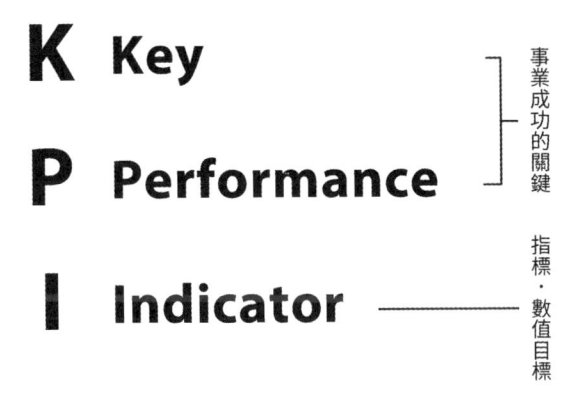

K Key ⎫
P Performance ⎬ 事業成功的關鍵
I Indicator —— 指標・數值目標

KPI 就是…

將「事業成功」的

「關鍵」以

「數值目標」表現

先記住 3 個登場角色

接著用一張圖來說明 KPI 的全貌吧！
主要登場角色有以下 3 個。

① KGI（Key Goal Indicator）＝最終目標數值
② CSF（Critical Success Factor）＝關鍵流程
③ KPI（Key Performance Indicator）＝關鍵流程的目標數值

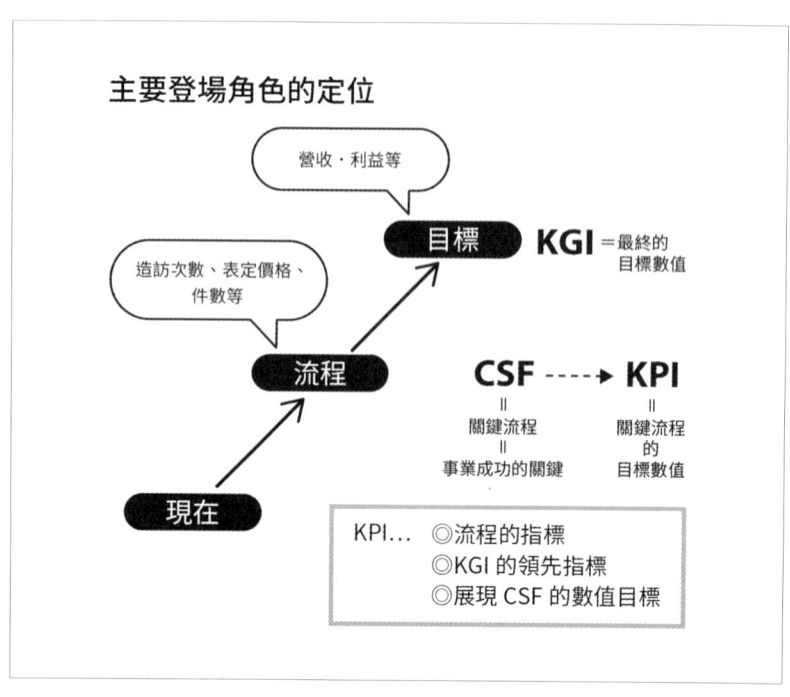

左頁這張圖的左右表示時間軸。左端代表「現在」或是「期初」，右端代表「未來」或是「期末」。換言之，時間從左側流向右側。

而目標所在之處就是「期末」了。有些公司訂在半年後，有些訂在 1 年後。

KGI 位在目標旁邊，是主要登場角色之一。

KGI 是 Key Goal Indicator 的縮寫，意思是最終想要達成的關鍵數值目標。若以整體企業來說，一般而言就是指利益等數值目標。

如果是營業組織的 KGI，就是營收等目標數值；如果是事業開發的 KGI，就是使用者數的目標數值。

KGI 是期末想要達成的目標數值。之所以特地從目標談起，是因為相關人士對於目標的認知經常有所出入。

為什麼大家對目標的認知不一樣？

目標認知的不一致，往往發生在 2 種情況中。

第一種是連目標本身都不一樣。

換句話說，就是連前進的方向都不相同。例如大家對於最終目標是利益、營收，還是使用者數沒有達到共識。

我們可以將這個狀態比喻成旅行。

目標就是旅行的「目的地」。要去法國？夏威夷？還是在日

本國內的福岡？福島？如果目的地不一樣，根本就無法制定旅行計畫。

各位或許不相信，畢竟旅行時很少發生目的地不同的狀況，但是職場上沒有互相確認事業目標的情況卻很常見。

另一種則是對「數值」的認知沒有達成一致。

舉例來說，同樣都是目標，即使彼此取得共識「目標就是利益」，但利益的目標數值卻不相同。尤其最低限度的目標數值、希望達成的目標數值等，更是必須特別注意。

這點用旅行來比喻的話，就相當於旅行的日程不同。要住 5 晚還是 6 晚？又或者是旅行的預算有所出入。例如有些人只考慮旅費，有些人則會連同當地的花費一起納入考量。

為了消除這 2 種落差，大家當然必須事先就加以確認。

目標與數值目標的部分，如果用旅行來比喻，就是必須確認目的地、旅行日程或預算，並且取得共識。

CSF 是「關鍵流程」

目標是什麼？數值目標是多少？確認並取得共識後，接下來登場的就是第 2 個主要角色 CSF。**CSF 是 Critical Success Factor 的縮寫，直譯就是「關鍵成功因素」。**

CSF 代表事業成功的重點。

為了達成 KGI，有許多必須執行的流程，而 CSF 就是其中最

重要的一步。因為是流程，所以指的不是作為結果的目標，而是事先執行的內容。

舉例來說，如果是營業組織，CSF 指的就是達成營收這個目標之前，為了提高營收所進行的拜訪顧客、提案活動等流程。換句話說，只要確實執行 CSF，就能實現目標。

此外，因為是流程，所以也必須是現場能控制，且能倚靠現場努力產生改變的。

從這些流程當中，選出最重要的一步。

這一步就是 CSF。

CSF 是什麼？

C Critical 關鍵

S Success 成功

F Factor 因素

＝

關鍵流程

＝

事業成功的關鍵

※有些人會以 KFS＝Key Factor for Success 來表現，兩者的意義相同。

KPI、CSF、KGI 的關係

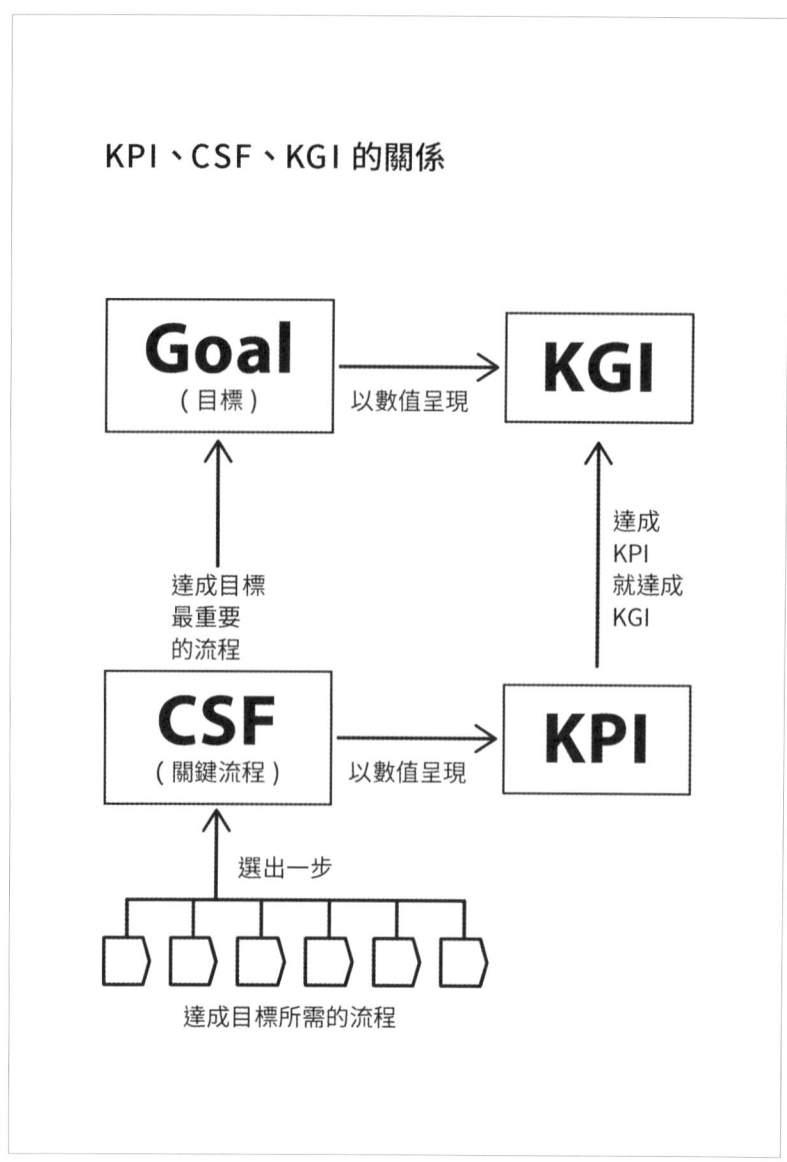

KPI 就是將 CSF 以數值表現

接著登場的,就是主角 KPI(Key Performance Indicator)。

KPI 就是以數值呈現前一個登場角色 CSF。

簡單來說,最關鍵的流程 CSF 要執行到什麼程度,才能達成期末 KGI?將這個程度以數值呈現,就是 KPI。反過來說,只要在期末達成 KPI,就能達成 KGI。左圖顯示了三者的關係。

總結一下,KPI 是 KGI 的先行指標,是(現場能控制的)流程指標,也是 CSF(事業成功關鍵)的數值目標。

除了 KPI 之外還出現 KGI 與 CSF,這或許會讓人搞混,但這裡只要記住除了 KPI 之外,還有 2 個重要的關鍵字即可。

建立無效 KPI 的常見錯誤

我在講座中詢問學員是否制定過 KPI，沒有人自信地舉手。這也難怪，如果有自信，就不需要來聽我的講座了。

我接著再詢問舉手的人。

「你們是否順利實施自己制定的 KPI 呢？」

其中有將近一半的人回答時還是沒有自信。這些無法順利實行 KPI 的人，有什麼共通點呢？

那就是 KPI 的制定方式，也就是步驟出了錯。

以錯誤的步驟制定 KPI，當然無法順利實施。

右圖整理出實施 KPI 管理時，常見的典型錯誤，以及造成的結果。

這是組織首度決定引進 KPI 管理、任用負責人，而這名負責人以自己的方式執行時常見的模式。

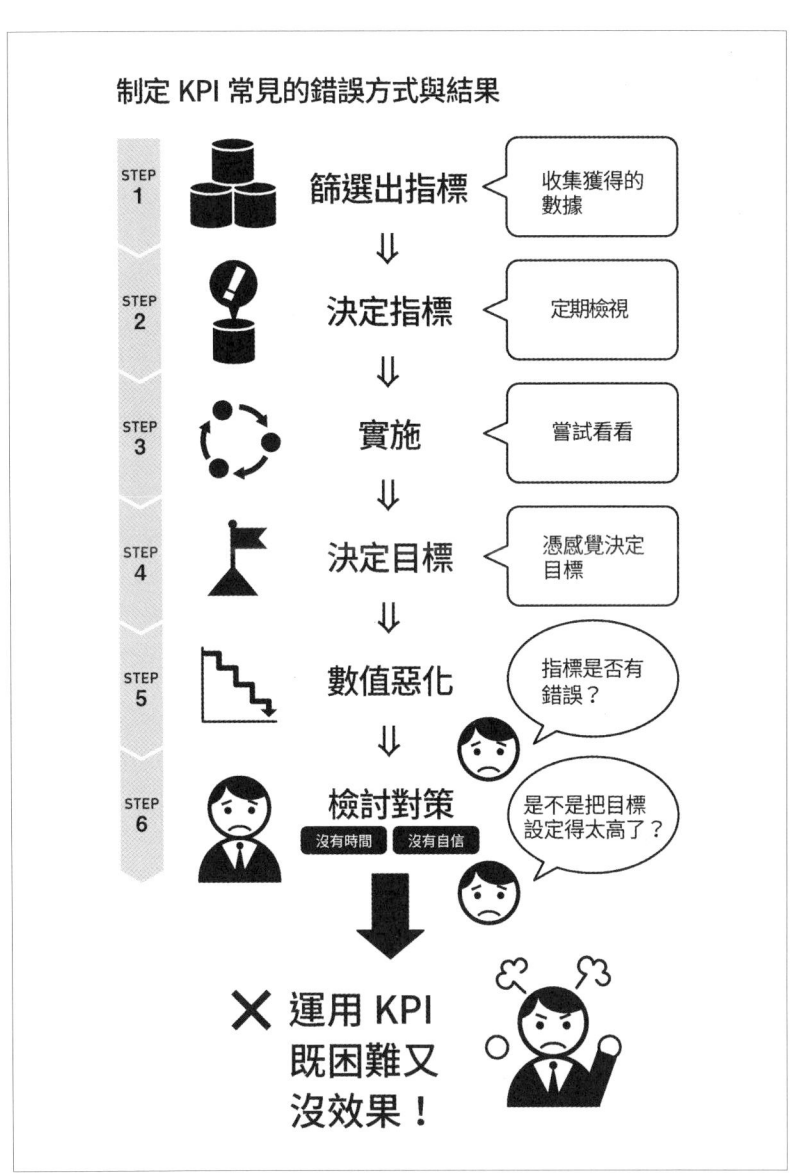

設定 KPI 時容易出錯的部分

這張圖中有許多錯誤的部分。

舉例來說，最容易發現的錯誤就是：主要角色 KGI、CSF、KPI 中，登場的就只有 KPI 而已。

重要角色沒有全部出現，無法順利實施也是理所當然的。而且 KPI 登場的時機，就只有最後的最後「實施 KPI 既困難又沒效果」的部分。感嘆 KPI 管理不順利的案例中，絕大多數都有這樣的傾向。

此外，也有不少人將聚焦在關鍵數字的「KPI 管理」，與單純管理各種數值的「數值管理」混為一談。

還有不少人只做到圖中第一步「收集獲得的數據」，就心滿意足。

他們多半都是覺得「總之先掌握現狀吧」！如果只是這樣，問題還算單純。但在多數情況下，實際開始檢視數據後，就不會只甘於掌握現狀。

再來就會推進到第二步的「定期檢視」，接著是第 3 步的「嘗試看看」，最後到第四步的「憑感覺決定目標」，一口氣制定出「似是而非的 KPI」。

再強調一次，這個模式既沒有確認想要達成的目標 KGI，當然也沒有取得相關人士的共識，甚至連實現 KPI 最重要的步驟 CSF，也都沒有加以確認。只有制定 CSF 的數值目標 KPI。

除此之外，這個階段還有 4 種常犯的錯誤。

第一種是設定大量的數值目標。 這種情況忽略了 KPI 的 K（Key），就只是單純的數值管理。

第二種錯誤模式是，將現場無法控制的指標設定成 KPI。

第三種則是選擇了落後指標，而非領先指標。

接著，一起來詳細看看第二種與第三種錯誤模式吧！

將 GDP 設定成 KPI，居然是錯的？

確認長期資料發現事業營收與 GDP（Gross Domestic Product）之間強烈相關，就將 GDP 設定成 KPI。

這麼做是大錯特錯。

GDP 只是其中 1 個案例。除此之外，將政府統計數值，如求才求職比、景氣動向指標等設定為 KPI 也是同樣的錯誤。這種失敗案例是稍微讀得懂數字的人，或是剛開始使用統計軟體的初學者容易落入的陷阱。

我自己在 20 多年前，也曾經犯過同樣的錯誤。

這種做法到底錯在哪裡呢？

如果能想像實際實施 KPI 管理的情況，就會很清楚錯誤的地方。第一是 KPI 數值惡化時的反應。因為 KPI 惡化時，我們會企圖採取對策來改善。

舉例來說，如果 KPI 是服務的目標使用者數，那麼當數值惡

化,就會為了改善數值而強化集客活動。

但如果像是 GDP 這類的統計數字,而且是展現國家整體狀況的數值惡化了呢?像我們這樣的一介民間企業,根本束手無策。

不可能靠一家公司的服務改變 GDP。換言之,當設定為 KPI 的 GDP 數值惡化,只能調整作為目標的 KGI 數值。

具體來說,就是向下修正 KGI 的目標數值。

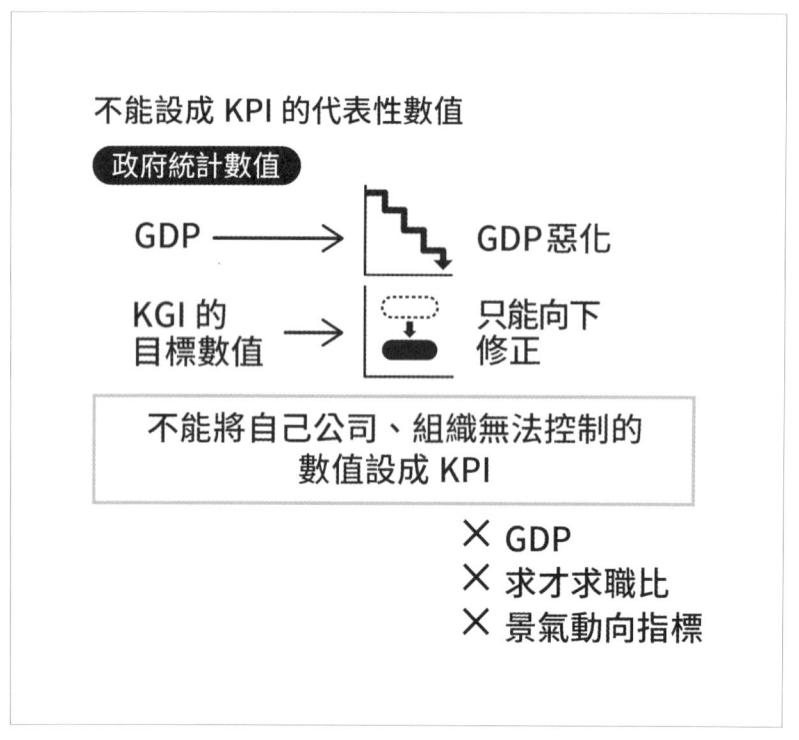

實際上,確實有可能因為景氣動向的變化,調整作為最終目標數值的 KGI 設定。但是這會發生在期初進行目標設定,或是修正目標數值的時候。

換句話說,就是在擬定或修正事業計畫案時才會進行的流程。這雖然是與數字有關的業務,卻並不屬於 KPI 管理。

因為 KPI 管理指的是「觀察現在應該做什麼,才能達成 KGI」,並根據必要情況採取對策的管理手法。

此外,另一個問題是:**GDP 等政府統計數值,通常都會較晚公布**。舉例來說,9 月之前的統計數值,會在下個月或下下個月才發表。如果是要確認長期數據間的關係,這樣的落後性並不是問題,因為只須分析能夠取得的過去資料即可。

但是盡可能掌握當期數值,對於 KPI 管理是相當重要的。甚至最好取得現在、這個瞬間的數值。落後數值在擬定改善對策時,將產生時差。這個現象並不限於政府統計數值。

即時取得數據也是重點之一。

請大家記得,GDP 等我們無法控制的數值(或是雖然能控制,但取得的時間點並不即時的數值),無法當成 KPI 使用。

定期檢視的指標缺乏 CSF,居然是錯的?

最後,第四種常見錯誤如第 33 頁的圖片所顯示,就是定期檢視的指標中缺乏可作為 CSF 的項目。

例如，定期檢視營收、利益、顧客數、平均顧客營業額等各種數值的案例中，就可能發生這種狀況。

因為我們會從這些指標中選出 KPI，並且監測其數值。

而根據錯誤的指標與數值進行管理，事業經營當然不可能順利。這樣的情況，就像是駕駛車速表失準的車輛。

舉例來說，只要以時速 60 公里行駛，就能在時間內抵達目的地，但看著車速表時，卻看到其他數值，這會導致什麼結果呢？最後當然不可能準時抵達了。

又或者，看的不是車速表，而是其他儀表會造成什麼結果呢？說不定會不小心超速，導致違反交通規則而遭到逮捕。

根據錯誤的指標進行管理，當「似是而非的 KPI」數值惡化時，即使試圖檢討對策，現場工作人員會疑惑「指標是不是有問題？」、「目標太高了吧？」也是理所當然的。

設計 KPI 的員工也是拚了命制定出數值，但由於是以自己的方式制定，所以缺乏自信，很難有邏輯地反駁。最後，無論是現場的夥伴，還是實施 KPI 的員工都表示了相同的意見。

「實施 KPI 既困難又沒效果！」

於是，實施 KPI 就變得虎頭蛇尾。但其實只不過是自己的做法錯誤。

那麼，該怎麼做才能進行正確的 KPI 管理呢？

定期檢視的指標中缺乏 CSF 的狀況

- 洽談數
- 營收
- 利益
- 顧客數
- 平均顧客營業額
- 提案數
- 提案額
- 每位業務的營業額

定期檢視各種數值
⇓
✗   從中選出 CSF

60km/h
KPI

搞錯必須監測的指標與數值
⇓
✗

遺憾的結果

「實施 KPI 既困難又沒效果！」

03

該如何建立有效 KPI？
——KPI 步驟 ① · ②

　　右頁圖中整理出 KPI 管理的標準步驟。只要依照圖中說明的順序進行，就能建立有效的 KPI。

　　接著，一起來看看各個步驟的重點。

　　前 2 個步驟是確認 KGI、衡量與現狀之間的差距。首先就是要確定自己組織的目的地在何處。如果是企業，目的就是利益；如果是營業組織，目的就是營收；如果是正在開發的服務，目的就是使用者數等。

　　倘若大家對於目標的看法不一致，那就沒什麼好討論了。彼此先確認共同的目標是什麼、目標數值是多少，這是一件重要的事情。

　　接下來就是預測若現狀繼續發展下去，到了期末會得到什麼樣的結果，掌握預測數值與 KGI 之間的落差。若是兩者之間沒有差距，或許就不需要 KPI 管理。

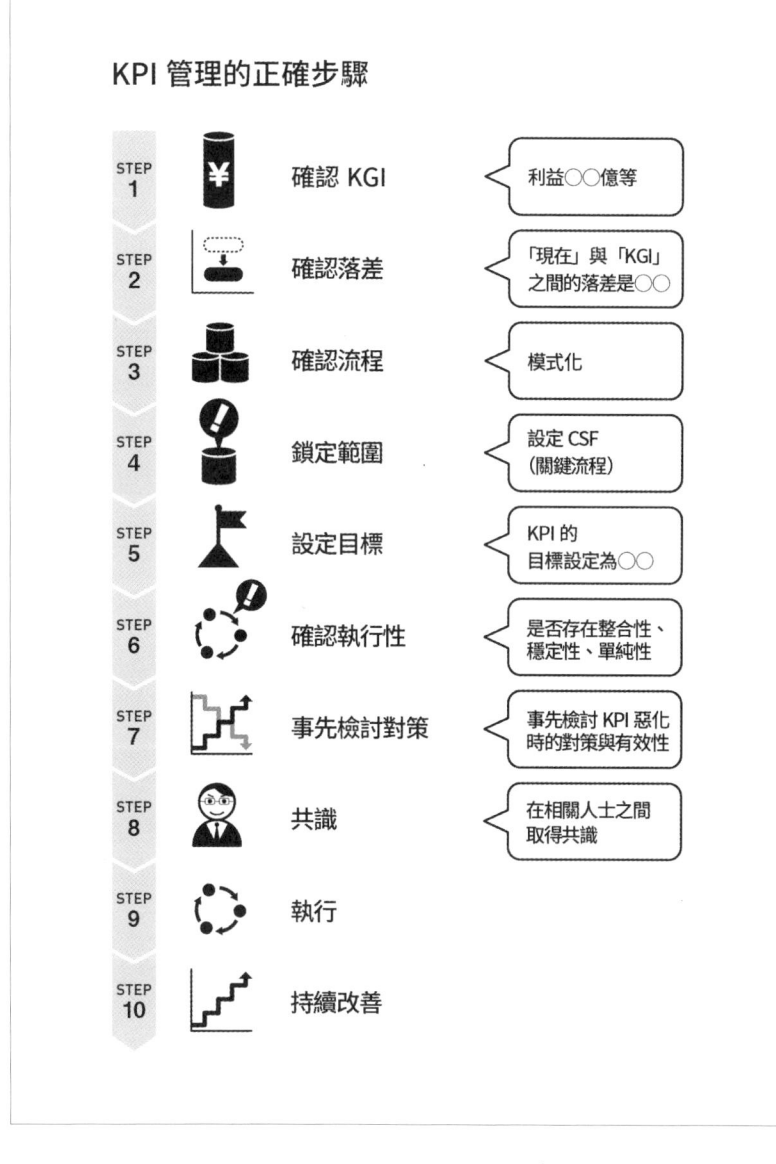

KPI 管理的正確步驟

STEP 1		確認 KGI	利益○○億等
STEP 2		確認落差	「現在」與「KGI」之間的落差是○○
STEP 3		確認流程	模式化
STEP 4		鎖定範圍	設定 CSF（關鍵流程）
STEP 5		設定目標	KPI 的目標設定為○○
STEP 6		確認執行性	是否存在整合性、穩定性、單純性
STEP 7		事先檢討對策	事先檢討 KPI 惡化時的對策與有效性
STEP 8		共識	在相關人士之間取得共識
STEP 9		執行	
STEP 10		持續改善	

CHAPTER 1. KPI 的基礎知識　　035

04

流程的確認、模式化
──KPI 步驟 ③

如果預測數值與 KGI 之間沒有落差,表示只要穩穩經營下去,就能達成 KGI。在這種情況下,不太需要做什麼創新。

不過,絕大多數的組織,在預測數值與 KGI 之間仍有差距。這種時候,KPI 管理就能發揮威力了。

利益可以透過「營收－花費」來表現,因此大致有 2 個方向的做法,具體來說就是:提高營收或削減花費。

透過公式將自己公司的事業模式化

首先要思考「該怎麼做才能提高營收」。

具體方法就是:將自己公司的事業拆解成公式並模式化。

表現營收最簡單的公式,就是**販賣數量 × 平均單價**。而販賣數量則可用「觸及量 × 轉換率」表現。所謂轉換率(CVR,

Conversion Rate）是種指標，代表某個數量轉換成最終成果的比例。

若將平均單價簡稱為價格，就可以用這個公式表現「**營收＝觸及量 × 轉換率 × 價格**」。

```
該如何提升利益？

        利益＝營收－花費
           換句話說
        利益↑＝營收↑－花費↓
      為了增加利益，必須提高營收，
            或是減少花費
              ↓        將自己公司的事業以
                       數學公式模式化
        營收＝販賣數量 × 平均單價
             ｜            ｜
          觸及量 × 轉換率（CVR）  價格
        營收＝觸及量↑× 轉換率（CVR）↑× 價格↑
```

提高營收的方法，則大致可以分成以下 3 種。

① 增加觸及量

② 提高轉換率（CVR）

③ 提高價格

CHAPTER 1. KPI 的基礎知識

為此我們可以怎麼做呢？

以銷售活動為例，公式就如同上頁圖示。

為了增加觸及數（量），讓更多顧客成為推銷對象是一種方法，或是為此增加業務負責人的人數，或許也是可行的。

為了提高轉換率，或許可以給予顧客獎勵，或者加強從業人員的教育訓練，可能也不錯。

至於價格方面，則可以提高定價，也可以縮小折扣。總而言之，就是要思考如何使數值產生變化。

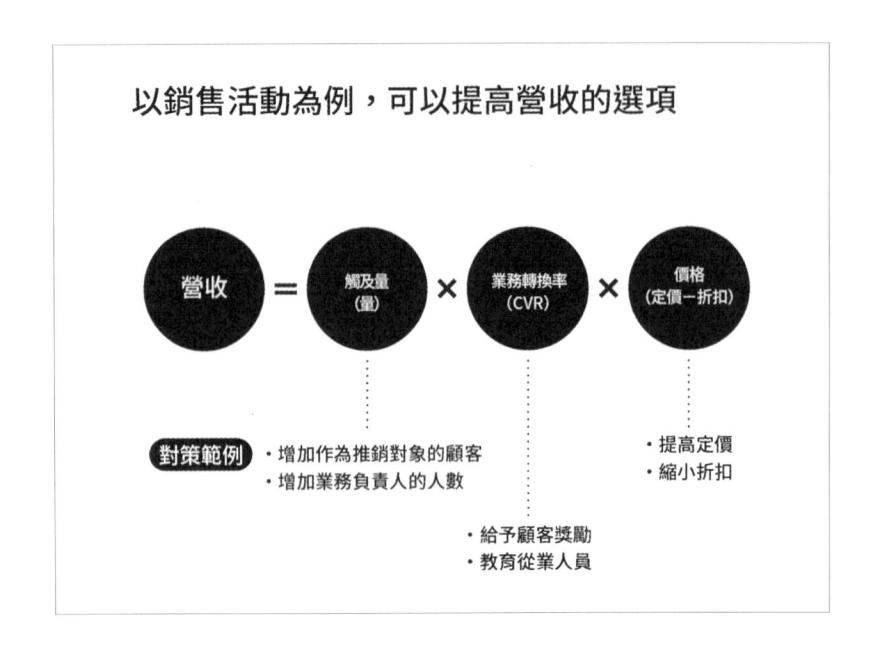

以銷售活動為例，可以提高營收的選項

營收 ＝ 觸及量（量） × 業務轉換率（CVR） × 價格（定價－折扣）

對策範例：
- 增加作為推銷對象的顧客
- 增加業務負責人的人數
- 給予顧客獎勵
- 教育從業人員
- 提高定價
- 縮小折扣

05

鎖定範圍（設定 CSF）
——KPI 步驟 ④

許多變數當中，最重要的流程就是步驟④：鎖定範圍。因為這就是**設定 CFS（關鍵流程）**。

而鎖定方式，可以透過 2 個步驟進行。

舉例來說，假設我所負責的經營開發專案，用公式來呈現的話就會是：

營收＝量（使用者數）×CVR（轉換率）× 平均單價（價格）。

步驟 1：區分常數與變數

首先，區分出公式中的常數與變數。

常數不會改變，所以能夠從 CSF 候補中剔除。

雖然說是常數，但數值完全不改變的情況也很少。

因此，實際上會將「多少有點變化，但仍可視為常數」的數值、「現場操作所能控制範圍有限」的要素，都歸類為常數。

其餘項目就是變數。

步驟 2：從剩下的要素中選出 CSF

就拿我負責開發事業時發生的狀況為例吧。

我將**營收＝量（使用者數）× CVR（轉換率）× 平均單價（價格）**這個公式中的價格定位為常數。

雖然價格多少會出現變化，但我決定不操作價格的部分，或者該說我確認無法進行。

雖然將企業介紹給使用者（個人），但是要購買多少商品並非我們能控制的，多半會受到使用者的狀況、企業的商品力與業務力影響。

無法控制的要素就設定為常數。

如此一來，剩下的就是量（使用者數）與 CVR（轉換率）這 2 個選項了。

增加觸及量多半需要新的資源，譬如投資行銷費用等，而所謂的資源就是資金與人力。

我負責的工作是事業開發，也就是成立新事業，因此資金與人力都有限。

如此一來，這裡的關鍵流程 CSF 自然就是 CVR（轉換率）

了。

接著再一一分解提高 CVR 的步驟。

舉例來說,將步驟分解為:認知→使用→介紹企業。

其中,我決定將「增加介紹的企業」設定為 CSF。

接著再進一步分析資料。

從資料中發現,介紹多家企業或只介紹一家企業給使用者,前者達成簽約的可能性較高(=提高 CVR)。

於是,我就決定將「介紹多家企業」設定為 CSF。

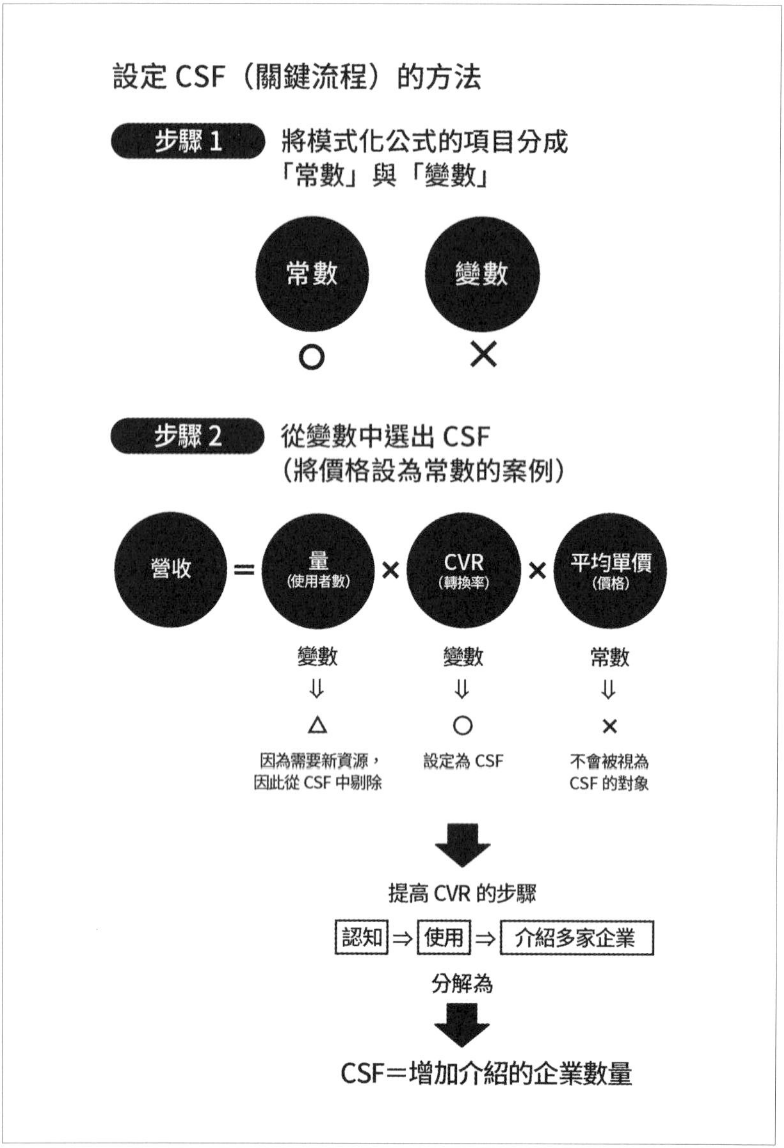

設定 CSF（關鍵流程）的方法

步驟 1 　將模式化公式的項目分成「常數」與「變數」

- 常數 ○
- 變數 ×

步驟 2 　從變數中選出 CSF（將價格設為常數的案例）

營收 ＝ 量（使用者數） × CVR（轉換率） × 平均單價（價格）

變數	變數	常數
⇩	⇩	⇩
△	○	×
因為需要新資源，因此從 CSF 中剔除	設定為 CSF	不會被視為 CSF 的對象

⬇

提高 CVR 的步驟

認知 ⇒ 使用 ⇒ 介紹多家企業

分解為

⬇

CSF＝增加介紹的企業數量

06

設定目標──KPI 步驟 ⑤

接下來，步驟⑤的目標設定，就是決定步驟④選定的 CSF 該設定何種程度的數值目標，而這個數值就是 KPI。找出 CSF 至關重要，只要能夠鎖定它，KPI 的目標設定就很簡單了。

舉例來說，我們已經發現某公司對個人提出單一方案時，接單率為 10%；如果提出多種方案，接單率就會變成 33%。

換句話說，如果想要提高接單率（CVR），只要提出「多項方案即可」。而這個「提出多項方案」就是 CSF。假設接單的平均單價是 10 萬日圓，營收目標是 1,000 萬日圓，並以這個條件計算 KPI。

營收目標（1,000 萬日圓）÷ 平均單價（10 萬日圓）÷ 接單率（33％）＝ 303，由此可知，只須向 303 名顧客提案即可，而**這裡的 303 就是 KPI**。如果 CVR 維持原本的 10%，1,000 萬日圓 ÷ 10 萬日圓 ÷ 10％＝ 1,000，就需要向 1,000 名顧客提案。由此可知，能夠找出 CSF 就可以獲得這樣的效果。

到此為止，是設定 KPI 的一大關卡。

終於進入KPI的設定

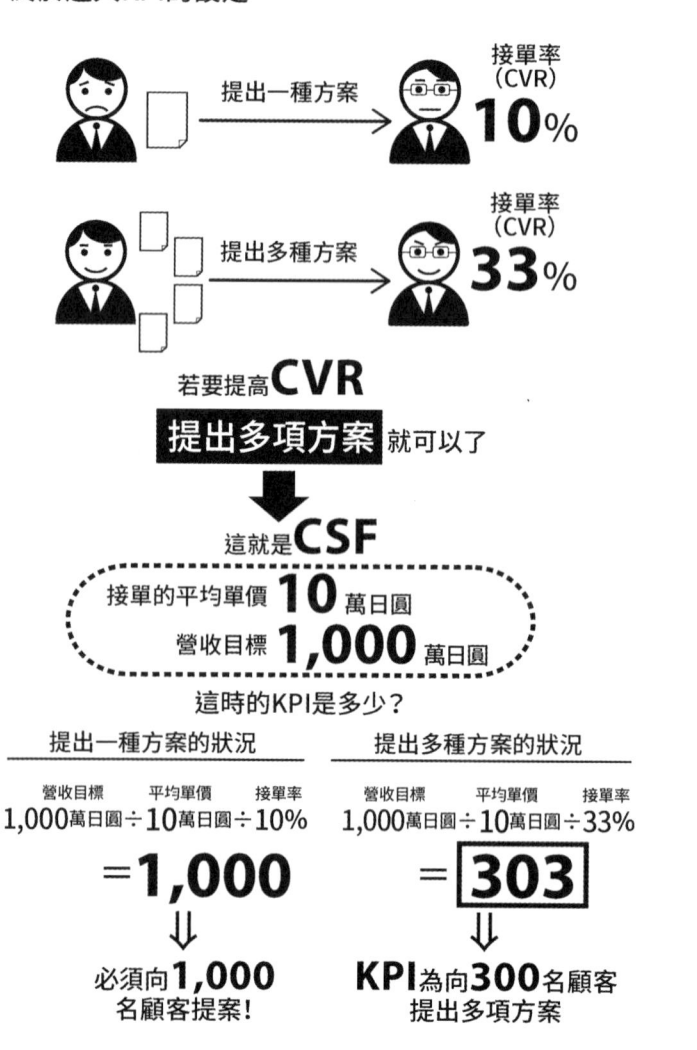

提出一種方案 → 接單率(CVR) **10%**

提出多種方案 → 接單率(CVR) **33%**

若要提高 **CVR**

提出多項方案 就可以了

↓

這就是 **CSF**

接單的平均單價 **10** 萬日圓
營收目標 **1,000** 萬日圓

這時的KPI是多少？

提出一種方案的狀況

營收目標　平均單價　接單率
1,000萬日圓÷10萬日圓÷10%

= **1,000**

⇩

必須向 **1,000** 名顧客提案！

提出多種方案的狀況

營收目標　平均單價　接單率
1,000萬日圓÷10萬日圓÷33%

= **303**

⇩

KPI為向 **300** 名顧客提出多項方案

07

確認可執行度──KPI 步驟⑥

接下來將是另一個關卡──

設計讓 KPI 管理能夠確實執行的過程。

首先,透過接下來的步驟⑥確認執行性。

換句話說,就是確認先前設定的 CSF 與 KPI 是否合理,以及實務上是否能夠執行。

這裡有 3 個重點:

① 整合性
② 穩定性
③ 單純性

接下來將一一確認。

確認整合性是否合理

　　首先是整合性，也就是邏輯上是否正確。簡單來說，就是要確認是否合理。

　　具體來說，就是確認 KGI 是否會跟著 CSF 改變，以及達成 KPI 是否也能達成 KGI，這就是整合性。

　　前面以我的事業開發為案例。套用在這裡，此時就可以知道，將多家企業介紹給使用者（個人），就能提高 CVR（轉換率）。

　　然而就現狀來看，只能介紹一家企業的案例占了大半。

　　我請現場工作人員在行動時強化這項 CSF 流程。具體來說，就是在洽談時多介紹一家公司給使用者。

　　結果，無論是使用者或企業，都花了更多功夫與時間。

　　這時大家往往會擔心，如果費了這麼多功夫卻沒有成果，該怎麼辦呢？

　　老實說，剛開始實施 KPI 管理時，有時候不實際嘗試也不會知道效果。因此，盡可能進行事先驗證，並針對這項事實取得共識，是相當重要的。

　　如果有時間，最好在全面部署前，透過縮小組織、地區、人員等目標，並限制時間來重複實驗，以提高準確性。

是否能夠穩定經營？

第二點是穩定性，也就是能否穩定取得 KPI 數值。

確認是否能夠穩定輸出數值，例如取得與處理資料的日程是否與其他業務重疊、資料的取得是否必須仰賴外部等。

以前面提到的事業開發為例，這裡只需計算是否介紹了多家企業，因此能夠穩定地掌握即時數值。

今後，隨著 RPA（Robotics Process Automation，機器人流程自動化）等發展，即使取得稍微複雜的數值，也似乎能夠減輕這個部分的作業負擔。

是否能夠簡單理解？

最後，第三點是確認單純性。

無論 KGI 與 KPI 的關聯性有多麼正確、資料的輸出有多麼穩定，只要其他工作夥伴完全無法理解，就會令人相當困擾。

我們必須檢討這些要素之間的關係性是否簡單易懂。

以前面提到的事業開發為例，「是否介紹多家企業」能夠以數據說明，而介紹多家企業會比只介紹一家企業更能提高使用者（個人）的行動比例，因此很容易就能理解成果。

附帶一提，「**提高行動比例**」指的是：當使用者需要從 3 家公司的母集團中決定 1 家時，比起只介紹 1 家公司，介紹 2 家公司，

更有可能讓客戶從中做出決定。

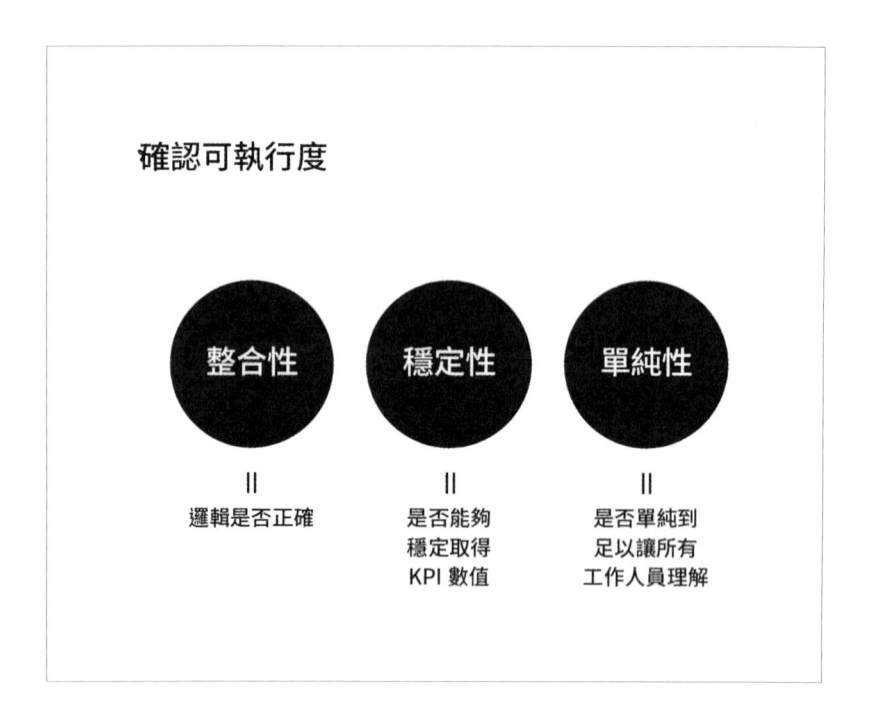

確認可執行度

整合性
＝
邏輯是否正確

穩定性
＝
是否能夠
穩定取得
KPI 數值

單純性
＝
是否單純到
足以讓所有
工作人員理解

08

針對策略的事前檢討與共識 ——KPI 步驟 ⑦ ‧ ⑧

　　接著在步驟⑦，需要事先決定 KPI 數值惡化時的應對策略。數值惡化時的處理手段，大致可分為以下 4 種。

① 投入更多資金
② 投入更多人力
③ 兩者並行
④ 繼續以現有的戰力執行工作（也就是什麼都沒改變）

　　然而就實際情況來看，如果等到數值惡化後才檢討就會來不及，最後做出的判斷多半不是繼續以現有戰力執行工作，就是只能在沒有確實檢討的情況下，投入大量經營資源（人力、物資、金錢、資訊）。

　　這麼一來，就只是無進化的原始管理。因此必須事先決定數

據惡化時該如何應對。

事先應該決定什麼？

需要事先決定的項目有 4 點。

① 何時（時期）
② KPI 惡化到什麼地步（程度）
③ 該怎麼辦（策略）
④ 最終判斷者（決裁者）

舉例來說：在實施 1 個月後（時期），如果 KPI 比預期低 20%（程度），就必須從其他組織調 10 個人過來（策略）。

第 4 個項目出乎意料地重要，也就是──決定由誰擔任策略實施與否的「最終判斷者（決裁者）」。

當 KPI 執行得不順利，也就是發生問題時，採取對策的時機相當重要。如果直到出現狀況才討論要不要進一步採取對策，結果不是無法做出決定，就是太花時間。

為了防止這種情況，必須事先決定最終判斷者，確認策略的實施與否。

通常由組織高層來擔任是最適當的。

以這個案例來說，就是：先確定如果過了 1 個月（時期），

KPI 比預期低了 20%（程度），就必須從其他組織調 10 個人過來（策略），而進行最終判斷的則是○○專務理事（決裁者）。

事先決定好這 4 個項目，並以白紙黑字寫下來。這麼一來，當 KPI 數值惡化時，就能在短時間內做出決策。

接下來的步驟⑧，則是請大家確認目前為止決定的 KGI 與 KPI、KPI 惡化時的策略，以及最終判斷者。

如果眾人無法取得共識，當然必須修正。

經過 8 個步驟後，就進入第⑨步驟的執行。執行後也不能放著不管，而是必須透過步驟⑩持續改善。

這些步驟就和專案管理的設計一樣，設計步驟到執行的每一步都至關重要。

針對策略的事先檢討與共識

KPI 惡化時的對策

① 投入更多資金
② 投入更多人力
③ 兩者並行
④ 繼續以現有的戰力執行工作
　（也就是什麼都沒改變）

⬇

事先決定對策

事先決定的 4 個項目

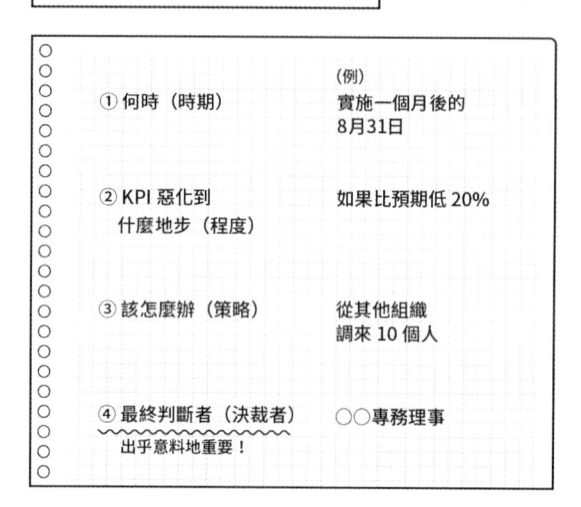

	(例)
① 何時（時期）	實施一個月後的 8月31日
② KPI 惡化到什麼地步（程度）	如果比預期低 20%
③ 該怎麼辦（策略）	從其他組織調來 10 個人
④ 最終判斷者（決裁者） 出乎意料地重要！	○○專務理事

| KPI 專欄 ❶

先做再想，還是先想再做

在無效或有效的 KPI 設定方式中可以發現，在執行有效的 KPI 前，需要花費許多時間。

使用無效的 KPI 設定方式進行 KPI 管理，一旦開始執行，就很有可能發生問題。

換句話說，就結果來看，無效的 KPI 往往在執行之後耗費更多時間。

有效 KPI 的前半部分「需要時間」，無效 KPI 則在後半部分「耗費時間」。

事實上，設定無效 KPI 的人，不只是設定方式不良，工作也經常不得要領。我稱這種類型的人為「先做再想」型。至於能夠掌握要領的人，我則稱為「先想再做」型。

1 個問題，分辨自己屬於哪類型

除了已經開課 11 年的 KPI 講座，我在瑞可利集團的媒體學校，還有另一個講座以「數字的解讀與運用」為主題。

這是我在講座一開始提出的問題：

【問題】

假設你是業務部門的業務企畫負責人，經理交給你下列這份資料（如圖）。接著再告訴你：

「如預期，5月裡有35名業務負責人創下1億500萬日圓營收，相當於每人300萬日圓。我認為這樣的狀態非常理想，但還是希望你能夠確認是否有什麼問題。」

你會如何分析呢？

業務經理交給你4個業務組織各自的營收資料。
雖然業務負責人的表現很理想，但還是希望你可以確認一下是否有什麼問題。

	合計	商品 A	商品 B
首都圈	3,800	2,150	1,650
關西	1,680	1,140	540
東海	1,120	700	420
其他地區	3,900	2,850	1,050
合計	10,500	6,840	3,660

（單位：萬元）

你會如何分析呢？

學員們面對這個問題的態度，大致可分成 4 種類型。

① 什麼都不做
② 立刻開始計算分析
③ 思考分析目的
④ 確認資料正確性

你比較接近哪種類型呢？

❶ 什麼都不做

這種類型的人害怕數字。所有與數字有關的工作，都被他們歸類為「放棄努力」的對象。

這也無可奈何。如果遇到這種類型的成員，最好請他們從事與數字無關的工作。

❷ 立刻開始計算分析

事實上，採取這種行動的人就是我所謂的「先做再想」類型，同時也是「工作勤奮卻不得要領」、「努力卻做不出成果」

的預備軍。

「不不不，工作不就是應該盡快著手嗎？」我似乎可以聽到有人如此反駁。但真是如此嗎？

以這個情況為例，我會如此告訴學員：

「不能馬上就開始動手計算！」
「請養成確認數據是否正確的習慣。」
「舉例來說，數字的位數妥當嗎？」
「比例與市占率的數值有矛盾嗎？」
「數字的出處明確嗎？」

分析錯誤的資料完全就是浪費時間。如果根據錯誤的資料對事業下判斷⋯⋯很可怕吧？

沒錯。

這種「從眼前工作做起」的類型，就是「先做再想」。而這種類型可能就會出現做白工或意外（錯誤的判斷）。

❸ 思考分析目的

這樣做的人，多半屬於做事能夠掌握訣竅，或是生產力高、能夠做出成果的類型，我稱為「先想再做」型。

❹ 確認資料正確性的類型

選擇這樣做的人,能夠正確處理數字,經常能完成準確度高的工作。

如果想要進一步了解,請參考我所寫的網路文章:

【Business Insider Japan】努力卻做不出成果的人,問題出在這裡——能夠做出成果的人都是「先做再想」

https://www.businessinsider.jp/post-108611

CHAPTER **2.**

實踐
KPI 管理的訣竅

01
該如何發現無效的 KPI？

擔任講師之後，經常有人問我：「該如何發現無效的 KPI？」如同前面提到的，只要詢問他的設定方式，自然就能發現。

不過，我只要看到 KPI，就能知道這樣的設定是否有問題，或者完全無效，而且是一瞬間就能發現。

不是只有我才具備這項能力，只要掌握重點，任何人都能學會分辨無效的 KPI。

瞬間看穿無效 KPI 的方法

掌握無效 KPI 管理時，最簡單的方法就是：先請發問的人透過電子郵件等，寄來自己組織的 KPI 管理資料。

最典型的模式就是：在主文中進行簡單說明，並加上附件的幾份資料。以這種情況為例，即使不開啟附件，也能辨識出無效的 KPI。

附件資料如果是 Excel 之類的「試算表檔案」，就是典型的無效案例。開啟這樣的附件，就會看到試算表中列出許多項數值組合，由此可知這個檔案管理著許多指標。

根據前面的說明，KPI 是將事業成功的關鍵 CSF，以「數值目標」呈現。既然是事業成功的「關鍵」，那就是獨一無二的指標。管理許多數值屬於數值管理，不是 KPI 管理。

即使寄來試算表附件或管理許多數值，也可以在信件主文中寫上一句「KPI 是這個」、「附件是參考資料」。

遺憾的是，我沒有看過這樣的案例。這或許是體貼與否的問題，畢竟體貼的人會希望盡量減少對方耗費的時間。

只要閱讀郵件的主文就能發現這點。如果主文也寫得簡短、簡潔，就表示發問者盡可能幫助對方減輕負擔。

然而，沒有補充說明就寄來試算表資料的人，缺乏這方面的體貼心。

如果是有效的 KPI，就會在郵件主文中直截了當地寫出 KPI。例如「本期的 KPI 是介紹 20,000 組」。至於附件則是說明決定 CSF 的經過，以及 KPI 的數值邏輯等說明資料。

因此，只要觀察郵件的主文與附件，就能想像該組織的 KPI 是有效或無效。

說了這麼多，簡而言之，寄來試算表的組織，通常都設定了無效的 KPI。

所以輕易地就能迅速分辨。

02
KPI 是「號誌」，所以只有「1 個」

附帶一提，並不是管理許多指標不好或不對，但這並不屬於 KPI 管理，而只是單純的數值管理。總之，我想說的是，管理許多指標，就只是在做數值管理。

KPI 管理是只把焦點鎖定在最重要的數值，並進行管理。當然，經營企畫成員與商品企畫成員需要掌握各種數值。在某些情況下，設定 KPI 時也需要確認許多數值。

這裡再次提醒，如果只是管理大量數據，並不算是 KPI 管理。

如果有許多號誌需要確認該怎麼辦？

我在講座中將 KPI 比喻為「號誌」。雖然應該不需要說明號誌是什麼，但還是簡單介紹一下——

「綠燈」是可以繼續前進

「黃燈」是注意或停止

「紅燈」則是停止

　　換句話說，達成 KPI 數值目標的狀態是「綠燈」，代表「能夠繼續以這樣的戰略、戰術前進」。

　　同理，沒有達成 KPI 的狀態則是「黃燈」，代表發生問題。

　　如果持續沒有達成或大幅落後，就是「紅燈」。

　　在亮「紅燈」的時候，不應該繼續執行目前的戰略、戰術，而是應該暫時停下來，採取事先擬定好的對策。

　　請想像一下：

　　假設你準備把車開到十字路口。

　　如果十字路口有許多號誌該怎麼辦呢？就算沒有很多，而是不只 1 個，也會不知道如何是好吧？

　　這種時候會讓人搞不清楚該前進，還是該停止。

　　實際上，十字路口確實有多個號誌，但這些號誌分成車用或行人專用，自己需要確認的號誌只有 1 個。

　　換句話說，如果 KPI 是號誌，最重要的是只能有 1 個。

　　此外，先行指標的「先行」也很重要。「先行」的意思就是**事先掌握**。

　　舉例來說，同樣是把車開到十字路口，如果旁邊也有車來，

就會發生交通事故。如果都發生事情了才亮起「紅燈」，那這個號誌就沒有存在意義了。

如果不在車輛進入十字路口前就掌握號誌的顏色，那號誌就失去了作用。

換言之，KPI 是號誌，因此只能有「1 個」。

而且必須在把車開到十字路口前就掌握號誌的顏色，因此將這個號誌視為「先行指標」也很重要。

在轉個大彎後遇到十字路口時，可能會在號誌前還有 1 個預告用的號誌。

請想像這樣的號誌，這就是優秀的 KPI。

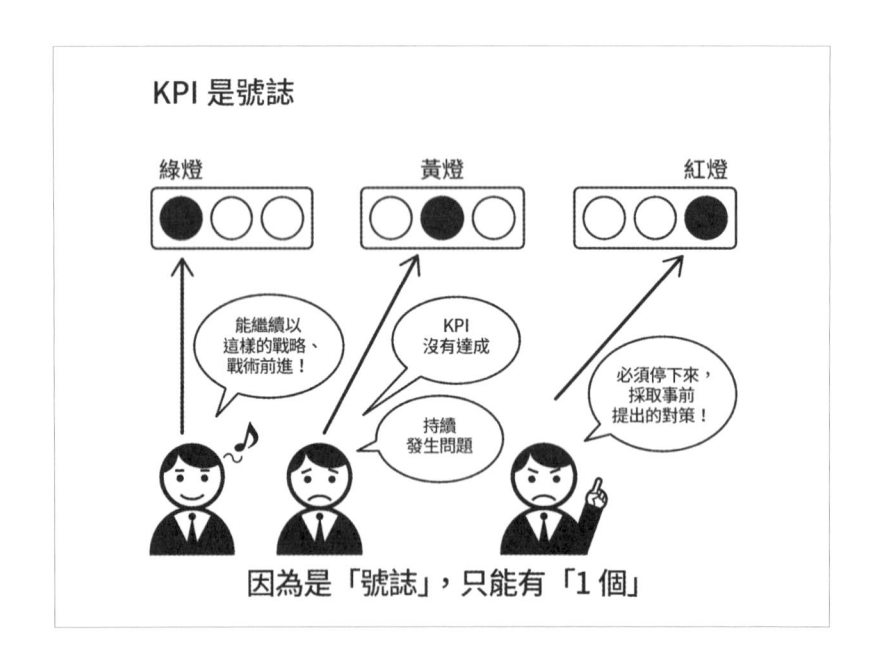

KPI 是號誌

綠燈	黃燈	紅燈
● ○ ○	○ ● ○	○ ○ ●
能繼續以這樣的戰略、戰術前進！	KPI 沒有達成／持續發生問題	必須停下來，採取事前提出的對策！

因為是「號誌」，只能有「1 個」

03

是誰的 KPI？

根據前面的說明，KPI 是 KGI 的先行指標，也是關鍵流程 CSF 的數值目標。

而 KPI 的作用是經營事業的號誌，所以只有 1 個，而且必須是先行指標。

是為了經營者而設的 KPI 嗎？

那麼，KPI 是給誰看的號誌呢？

舉例來說，這個「誰」可以是經營者或經營人員。如果再稍微擴大對象，也可以是經營幹部或主管級以上的員工。如果將對象擴大到極限，甚至可以將一般員工包含在內，視為全公司的目標。

因此這個問題不一定有標準答案。

但是，假設 KPI 僅僅是給部分人看的號誌，例如只給經營

者、經營人員、經營幹部，或是只給主管級員工看而已。

當 KPI 的數值在執行時惡化，也就是號誌變成紅色，這時就必須變更戰略或轉換方向。

而實行戰略變更時，必須告知不清楚 KPI 的一般員工。

這個消息對員工來說是晴天霹靂。有時候，可能還必須針對 KPI 從頭說明，既麻煩又花時間。所以如果可以，最好盡量避免這種情況。

KPI 惡化是相當嚴重的情況。因為再這樣下去，就無法達成最後的目標數值 KGI。

在平時（也就是沒有發生任何事情的時候），KPI 管理就只是用來讓人安心的。不過遇到緊急狀況時，卻能發揮更大的效果，因為透過 KPI 可以知道狀況的嚴重程度，進而判斷變更戰略與戰術的必要性。

這麼一想，就會發現最理想的 KPI 管理，應該是給全體員工看的號誌。大家都關心 KPI，一旦惡化時，便能在第一線就有所應對。

我想，如果能夠做到這點，組織就能運作順利。

然而就實際狀況來說，很難制定一個讓所有員工都能意識到的 KPI。不過公司高層應該致力於這點，力求讓「全體員工都關心 KPI」。

因此，必須先讓全體員工意識到 KGI 數值。想做到這點，可以從「讓所有員工都了解負責的 CSF」開始。

讓 KPI 成為所有員工共識的重點

若是想讓 KPI 成為所有員工的共識，設定 KPI 的負責人必須注意 2 個重點：

❶ CSF 必須簡單易懂

雖然 CSF 與企業規模、職種及員工的多樣性有關，但無論如何，能夠清楚說明 CSF 是相當重要的。因為 CSF 是事業成功的關鍵，也是制定 KPI 數值的依據。

舉例來說，最好避免使用「A×B÷C」這種加減乘除的公式來說明。

❷ 數值必須容易記住

KPI 的數值必須是容易記住的數值，這點相當重要。有必要花點心思，將其設定為整數，例如 10,000，或是帶有諧音的 555（日語念起來是 go・go・go）。

然而，實際上較常看到的 KPI 都是計算精確，卻難以記住的數值，例如 9,974、10,543 等。

請務必調整成好記的數字。

如何讓 KPI 成為所有員工的共識

CSF 必須簡單易懂

A×B÷C
NG!

(例)
提案額・訪問數等
OK!

容易記住的數值

9,974
10,543
NG!

10,000
555(go・go・go)
OK!

04

小心！分母是變數！

　　計算 KPI 的目標數值時，也會使用到分數，當然就會有分母與分子。

　　分子通常是變數，分母則可能是變數與常數。像是達成率（＝實績／目標），目標數值不會改變，因此分母屬於常數。

　　但像是提案率（＝提案數／來店數），分母則是變數。

　　當分母是變數時，就必須注意數值的處理。

向全國連鎖店的顧客提案

　　這裡不妨以具體的案例來思考。

　　舉例來說，假設以光臨全國連鎖店的顧客數為分母，接受提案的顧客數為分子，加以計算出**提案率（＝提案數／來店數）**。這個案例中的 CSF，就是增加提案率。

　　若以具體的數值來說，假設全國總共有 10 間分店，100 名業

務負責人將「每周提案率 80%以上」當成目標。

這個 80%以上，不僅是全國平均的目標，也是每間分店、每位員工的目標。

業務 A 在本周末已經接待了 50 組顧客（來店數），並向其中 40 組提案（提案數），換句話說：

提案率 ＝ 40 ÷ 50 ＝ 80%。

如果就這樣結束，A 達成了他的 KPI。

但是最後一天打烊前，客人又來了。

A 該怎麼做呢？

可以想像若接待這組客人會有 2 種結果：

第一種是成功提案，（40+1）÷（50+1）＝ 80.4%，A 達成個人 KPI。這種情況沒什麼問題。

但如果無法成功提案：

（40）÷（50+1）＝ 78.4%，A 會無法達成個人 KPI。

由於存在著無法達成 KPI 的風險，A 或許會猶豫是否該接待這組客人，說不定還會請客人下周再來。

顧客也會感受到這樣的氛圍，公司有可能因此失去重要顧客。而 100 名業務員當中，不是只有 A 會遇到這樣的問題。

然而，如果到處都發生這樣的現象，將對公司造成重大損失，這種處理方式或許也不夠專業。

但這個問題確實可能發生。

這種情況也會發生在職業運動場上。

例如打擊王之爭。**安打數／打數＝打擊率**。

安打數與打數都是變數,而打擊王是該年打擊率最高的打者所獲得的榮譽。爭奪打擊王的選手,可能在最終賽事時不站上打席。

這正是「以**變數**為分母」的指標所造成的弊病。這對於特地前來觀賞該選手揮棒的球迷來說,也是種背叛,就和前面提到的接待狀況完全相同。

這時該怎麼辦呢?

只要放棄分數,改以絕對數值為指標即可。

以棒球為例,就是將比較對象改為安打數。為了擊出安打,打數越多越好,因為這麼做更有機會增加安打數。聽說鈴木一朗之所以關注安打數,就是基於相同的理由。

以前面提到的例子來說,只要將 CSF 從「提案率」改為「提案數」即可。

請各位記住,若要將分數當成 KPI,最好避免分母為變數的情況。

計算 KPI 的目標數值時遇到分數必須留意的情況

分母是常數

$$達成率 = \frac{實績}{目標數值}$$

分母是變數

$$提案率 = \frac{提案數}{來店者數}$$

↓ 必須注意

將 KPI 設定為提案率 80%的情況

A 業務：接待 50 組顧客，成功向 40 組提案

$$提案率 = \frac{40}{50} = \boxed{80\%} \text{ 達成 KPI}$$

↓

最終日即將打烊時，客人來了

成功提案的話
$$\frac{40+1}{50+1} = 80.4\%$$
○ 達成 KPI

無法成功提案的話
$$\frac{40}{50+1} = 78.4\%$$
△ 未達成 KPI

A 業務會想要拒絕接待顧客！

05

必須跨越的障礙

KPI 是設定給所有員工看的，所以必須簡化 CSF，並設定容易理解的 KPI 數值。這道理雖然好懂，實際執行時，卻有 2 道必須跨越的障礙。

首先是「愚人障礙」。似乎在哪裡聽過嗎？但這裡的含義略有不同。

另一道障礙則是「不安障礙」。

大家都容易落入「愚人障礙」？

接著從「愚人障礙」開始說明。

找到所有員工都能理解的 CSF 後，呈現給大家時，會有哪些典型的反應呢？

可能會有人稱讚「很容易理解」。但另一方面，也不難想像 CSF 如果簡單易懂，說不定會引來以下這些否定言論──

「這種事情還要你講嗎？」

「沒有後續嗎？」

「找出這麼簡單的道理，竟然要花這麼多時間。」

「這只是在浪費時間吧？」

這些言論或許充滿了武斷與偏見，但設定 KPI 的員工多半有高學歷，從小到大都習慣被稱讚「聰明」，不太有被當成「笨蛋」的經驗。

其實從複雜的事物中，選出一個最重要的項目是相當困難的。但是選出的 CSF 簡單易懂，或許難免會招來這些批評。

換句話說，如果提出了簡單易懂的 CSF，就必須克服「可能會被當成笨蛋」的障礙。

我稱這種心態為「**愚人障礙**」。

必須克服的「不安障礙」是什麼？

另一個障礙是「**不安障礙**」。

鎖定 1 個 CSF，就代表除此之外的項目都必須捨棄。不禁讓人擔心，如果這個 CSF 是錯的又該怎麼辦呢？

會擔心是理所當然。

但如果敗給這樣的不安，又加進第 2 個 CSF，那就完蛋了。因為 2 個與 3 個也沒什麼差別，甚至還會再加入第 4 個、第 5 個，

無限地增加下去。

這種「如果不順利該怎麼辦⋯⋯」的擔憂，就是必須克服的「不安障礙」。

首先請認知到：鎖定 1 個簡潔易懂的 CSF，必須克服「愚人障礙」與「不安障礙」。

只要擁有這樣的認知，就能提高克服障礙的可能性。這個部分中的「意識問題」出乎意料地成為關鍵。

講座中，超過一半的人都能接受上述說明，但還是有將近一半的人看起來半信半疑。他們真正想問的是：「不鎖定 1 個 CSF 也沒關係吧？」

這樣的心態必須改變。

因為會這麼想，代表號誌不只 1 個也無所謂。

在此，我們將回過頭來探討最根本的問題：「到底為什麼需要 KPI 管理？」由此說明鎖定一個簡單易懂的 CSF 的必要性。

06 關鍵字是 PDDS

組織為什麼需要 KPI 管理呢？

一言以蔽之，就是藉由運用 KPI 管理，使管理本身能有所進化。

能夠持續提升管理層次的企業都有一個共通點，那就是毫不懈怠地進行改善活動。換句話說，只要持續 KPI 管理，就能提高管理的層次。

管理進化不可或缺的 PDDS 是什麼？

這時，關鍵就是 PDDS。請看右圖。

各位或許聽過 PDCA（Plan-Do-Check-Action，循環式品質管理）或 PDS（Plan-Do-See）循環吧？

PDDS 循環，則是我為了說明 KPI 管理的重要性，所思考出來的原創循環。

KPI 管理中不可或缺的 PDDS 循環

Plan 仔細思考
Decide 盡快鎖定
Do 徹底實行
See 確實檢討

　　PDDS 循環共有 4 個步驟，分別是：Plan（仔細思考）-Decide（盡快鎖定）-Do（徹底實行）-See（確實檢討），而 See 之後又回到 Plan。

　　比較 PDCA 與 PDS，在仔細思考（Plan）與徹底實行（Do）之間，又加入了盡快鎖定（Decide）這個步驟。

　　無論是 PDCA、PDS，還是我原創的 PDDS 循環，都從仔細思考（Plan）開始，因此往往會引來誤解，但**最重要的是完成一個循環，再回到下一個循環的部分**。

　　以 PDDS 循環為例，就是 S → P 的步驟。換句話說，就是徹

底實行（Do）之後確實檢討（See），並應用到下一次的仔細思考（Plan）的過程。

我在前面寫到「持續提升管理層次的企業都有一個共通點，那就是毫不懈怠地進行改善活動」。

而這個改善活動，就是 S → P 的部分。

當 KPI 不只 1 個，會發生什麼問題？

在此請各位想像一下：如果向工作現場的人員提出多個要求，會發生什麼事呢？

也就是說，如果不將 KPI 鎖定為 1 個，會出現什麼狀況呢？

例如，假設同時有 5 項策略要執行（策略 A 到 E），會引發什麼樣的問題呢？

工作夥伴想必會根據自己的判斷進行取捨。換句話說，即使收到 5 項要求，也只會執行其中的 2 至 3 項。

剩下的項目，就算執行也可能做得不夠徹底，或者只是做做樣子。任何人都可能採取這樣的行動，而且對於沒有執行的部分，也不會老實報告「這個部分沒有做」。

因為大家都擔心如果這樣誠實報告，無論實情為何，都可能遭到斥責。至少被罵的狀況很常見。

那麼，如果工作夥伴只從 5 項要求中，選擇 2 至 3 項來做，會造成什麼問題呢？那就是——無法正確檢討。

舉例來說，請想像一下「策略 A 的結果並不好，需要對此進行檢討」的情況。人員接收到的指示是執行策略 A，但這只不過是 5 項指示中的一項，因此人員會選擇性執行策略 A。

結果在檢討策略 A 時，「執行策略 A，但結果並不好」的情況，與「沒有執行策略 A，所以結果不好」的情況將混為一談。

這種情況下，並無法準確檢討策略 A 的成效。

反之，即使策略 A 帶來理想的結果，如果工作夥伴進行了取捨，也同樣無法正確檢討。因為「執行策略 A 所以得到理想結果」，與「沒有執行策略 A 卻得到理想結果」的情況也會產生混淆。

換句話說，如果工作夥伴可以在執行策略時自由取捨，就無法正確檢討。

無法正確檢討，就不能繼續進行循環的下一個步驟 P（仔細思考）。在這種狀態下進行規畫，是非常恐怖的事情。

當然，即使要求工作夥伴執行多項策略，只要能夠全部執行，就不會有問題。而這種能夠檢討多項策略的組織，即使設定多項 KPI 也沒關係。

但最好把這樣的組織視為例外中的例外。經營者或主管當中，偶爾會有人發下豪語，表示無論什麼樣的要求、策略都能夠處理，這樣的人也是例外中的例外。

這樣的超人在團隊中只占極少數。事實上，絕大多數的人都無法正確掌握這些要求或策略是否能夠確實執行。

附帶一提，我對於 PDDS 循環的翻譯如下。

P：Plan　仔細思考
D：Decide　盡快鎖定
D：Do　徹底實行
S：See　確實檢討

大家覺得如何呢？

各位是否確實理解了「不鎖定 1 個 KPI」的風險？但光是理解，不足以克服「不安障礙」，也就是害怕鎖定單項 KPI 卻失敗的情況。

為了克服這個障礙，請各位聽聽接下來我要說的故事。

07 是否掌握 PDDS 循環的時間？

請各位稍微聽一下我的故事。

我在負責某項新事業時，確認了 PDDS 循環一次的時間，也就是實行某項策略、對其進行反省，再運用到執行下一個策略的期間。

而令我驚訝的是，PDDS 循環 1 年只能運行 2 次。

經過簡單的計算，當時我們的組織 1 年只能運行 2 次 PDDS 循環，也就是半年只能運行 1 次。

這樣的組織似乎讓人感覺步調緩慢。但正確來說，執行的策略其實更多，只不過都沒有進行檢討。尤其在檢討結果不佳的策略時，更會感到猶豫。

這是為什麼呢？

這是因為「檢討」與「抓戰犯」被混為一談了。如果指出「成效不佳是某某人的錯」，就會對當事人造成傷害，甚至遭當

事人怨恨，因此大家都會忍不住想避免。

檢討成效不佳的策略，當然不是為了抓戰犯。主要目的是希望找出導致不良結果的主要原因，進一步採取對策，以免重蹈覆徹。

原因當然可能是出於某個人，但多半都是因為其他問題。因此「檢討等於抓戰犯」是一大誤解。

檢討的好方法

話說回來，當策略成功了，有好好檢討嗎？

也沒有。既然得到了不錯的結果，因此就滿足了，所以覺得沒有檢討的必要。

換句話說，這是個沒有檢討習慣的組織。偏偏培養檢討的習慣，對於這樣的組織是極其重要的。但是該怎麼做才好呢？

這是我以前待在「瑞可利管理解決方案」時學到的方法。而用一句話說明做法，就是**在批准策略的同時，也一併訂下「檢討」策略**。

具體來說，就是提案者在提案內容中，加上這項策略的「檢討」由「誰」在「何時」針對「哪個部分」討論出「如何」實施。

同時配合檢討的時期，設定**未來的「檢討」會議**，並召集相關人士參加。

舉例來說，像右圖那樣，策略 A 從 8 月 1 日開始實施 1 個月，

對於策略的檢討，則在其 2 周後的 9 月 15 日，由企畫部門的經理以投資報酬率為中心進行報告。

如此一來，就能將「檢討」的機制化為習慣。

養成檢討習慣的機制

策略 A

實施期間	8 月 1 日起的 1 個月
檢討會議	9 月 15 日 ◀--- 設定未來的會議
提案人	企畫部經理
檢討內容	以投資報酬率為中心報告

批准策略的同時，也一併訂下「檢討」方法

「檢討」不是「抓戰犯」

曾經發生的失敗案例

我曾負責某個事業開發組織，裡面聚集了積極的人才。實際上，這個組織也不斷嘗試各式各樣的策略。

我想,有過事業開發經驗的人都能理解,初期階段就是不斷嘗試錯誤。但嘗試的過程實在不順利,好幾次都差點灰心喪志。

最近「PIVOT」成為事業開發的共通語言。原意是轉軸,也就是將重要部分當成不動的軸心,變更其他部分。在商場上則是指事業「轉換方向」或是「變更路線」。這個詞彙相當貼切,事業開發真的就是一連串的方向轉換。

相信「下次會成功」,並持續執行一個又一個的策略,這是一般人做不到的。如果某個事業開發組織能夠有這樣的心態,可說是聚集了相當積極的人才。

然而這樣的組織也觸犯了某項禁忌。

沒錯,那就是**設定多個數值目標**。

事業開發階段的人數有限,能量將因此分散。而且,一線人員傾向在多項策略中,挑選容易做的來執行。

這麼一來,當然不可能確實反省策略。但策略的成效不彰,一線人員也會變得焦躁不安。

負責人希望盡快找出成功的線索。於是在檢討策略時,評估策略的好壞就成為主要目的。

換句話說,執行大量策略成了目的。但是明明執行策略,應該是為了找出成功的線索,現在卻變成執行策略就是目的。

從愛迪生身上學到「檢討」的重要性

　　愛迪生為了尋找白熾燈泡中的燈絲，使用了數千種材料進行實驗。

　　這是個很有名的故事。如果他當時的實驗不夠嚴謹，沒有記錄下錯誤的材料，讓人懷疑是否能夠發現燈絲。

　　我想，愛迪生一定進行了嚴謹的實驗，一一確認材料是否可行，將失敗的材料確實記錄下來，就能避免使用同一種材料進行實驗的愚行。

　　請各位想像一下。

　　如果他沒有確實記錄，使用數千種材料進行實驗必定會反覆做白工。

　　換句話說，沒有檢討是相當糟糕的事情。

　　組織不懂得檢討，「智慧」就無法累積。

　　因為失敗就是重要的智慧。

08
PDDS 能夠強化組織

上一節提到「1 年只檢討 2 次的組織」，那麼這個組織後來發生了什麼事呢？

其實這個組織發生了戲劇化的改變。

隔年開始，這個組織大約每個月能跑 1 次 PDDS 循環，相當於每年十幾次。如同前述，這個組織在「批准策略」時，也一併訂下「檢討計畫」，並且召開會議。如此一來，檢討就成了習慣。

這代表原本每年只能運行 2 次 PDDS 的組織，變成了每年可以運行十幾次 PDDS 的組織，檢討量達到 5 倍以上。

可以說，透過把結果「可視化」，使組織的智慧累積了 5 倍。

我在這裡特地使用「組織智慧」這個詞彙是有意義的。

如果無論計畫是否順利，都能運行 1 次 PDDS 循環、檢討計畫，就能得到 2 個好處。

第一個好處是：可以避免將失敗的策略運用到其他組織上，

導致做白工。其次則是：將成功的策略橫向拓展到其他組織，提升整體的生產性。

換句話說，運作 PDDS 固然重要，但如果能夠將其橫向拓展，將使組織變得更加強大。

所以我才會將其形容為「**組織智慧**」。

為了使組織運作 PDDS，並將其拓展成組織智慧，有項重要的概念，那就是 TTPS（請參考接下來的 KPI 專欄）。

導入 TTPS，能使組織的現場自主運作，成為每周能夠跑好幾次 PDDS 的組織。這麼一來，每年就能跑 100 次以上的 PDDS 循環。

從每年 2 次到每年 100 次以上，這代表創造出 50 倍以上的生產力。

KPI 專欄 ❷

使出拿手絕活「TTP 與 TTPS」

　　我以前負責的事業在全國展店，而我希望無論顧客光臨哪家分店，或是由誰負責接待，都能獲得水準以上的服務。

　　用嘴巴說很簡單，實行起來卻相當困難。若不以進化為目標，所有人都採取同樣的服務方法，確實有機會做到。

　　不過，在全國提供水準以上的服務並且不斷進化，就需要訣竅才能實現。這時需要有一種機制，讓某地區的接待負責人，不僅能開發出高滿意度的工具或接待方法，還可以傳授給其他地區或分店的接待負責人。

　　這種機制就是知識管理（Knowledge Management）。

　　其重要的概念就是 TTP。知識管理是從他人身上學習，而據說「學習」這個字的日文源自於「模仿」。換句話說，從他人身上學習，就是模仿他人。

　　不過，若被要求模仿，很容易在無意間抱持著抗拒心態。因為多數人都希望擁有個人特色，想要以自己的方式進行。

徹底拷貝就能贏

這時登場的就是 TTP（編按：此處結合日文羅馬拼音進行文字遊戲，將徹底「てってい」（Tettei）、拷貝「パクる」（Pakuru）、進化「しんか」（Shinnka），變化為 TTP 與 TTPS。）

瑞可利是個喜愛文字遊戲的組織，特別喜歡為詞彙或句子創造縮寫。我們會說：**「菜鳥或年輕人，請 TTP 前輩的表現與工作！」**而過了一陣子之後，他們會得到這樣的建議**「請嘗試 TTPS！」**。

TTP =「徹底拷貝」（徹底的にパクる）
TTPS =「徹底拷貝並超越」（徹底的にパクって進化させる）

看到縮寫的解釋，不只模仿甚至還「拷貝」，聽起來更加沒品。但如果寫成 TTP 或 TTPS，無論語感還是發音，聽起來都變得更加可愛了吧？

對於年輕員工而言，在撰寫工作日誌時，使用縮寫也能減少筆畫，大幅減輕心理上的抗拒反應。

附帶一提，TTP 最重要的就是「徹底」這個部分。不只是單純的拷貝，而是徹底模仿頂尖人才的做法。

模仿頂尖人才在體育界備受推崇，在職場上卻往往相反。

我所負責的組織透過 TTP 與 TTPS，鼓勵員工學習全國優秀

接待負責人的工作方式。

「我TTP某負責人的做法,顧客相當開心」也藉由這樣的用法,向TTP的對象表達敬意。

我曾在演講中發表當時的工作狀況,從此之後,TTPS這個詞彙就被使用於各個場合。

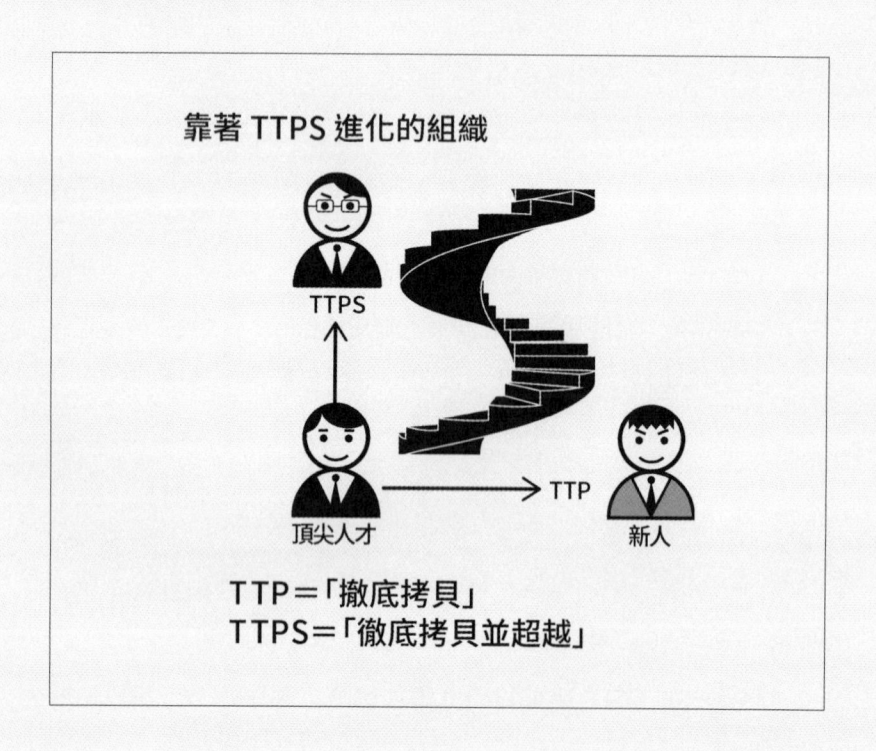

靠著TTPS進化的組織

TTPS

頂尖人才 → TTP 新人

TTP=「徹底拷貝」
TTPS=「徹底拷貝並超越」

「讓小規模據點持續誕生創意」的
TTPS 實踐案例

這個故事發生在我所負責的全國性組織裡。TTP（徹底拷貝）的有：提出創意的一方（TTP 對象）與複製其創意的一方（TTP 執行者）。

當時九州唯一的分店是福岡天神店。**像這樣人數較少的據點，難免容易成為創意的複製者，而非創意的提供者。**尤其組織總部位於東京，員工也都在東京。無可避免地，資訊或創意等也往往都集中在東京。

一般而言，人數多的據點，更容易提出創意。

以這樣的觀點來思考，福岡天神店距離東京遙遠、人數又少，因此無論夥伴能力高低，都覺得他們很難成為傳播創意的一方吧？

讓大家驚訝的是，他們透過反向思考成為提出創意的一方，持續創造出新的想法。

他們的做法是：將自己的分店定位為：徹底複製（TTP）其他分店的創意，並將其徹底拷貝並超越（TTPS）的內容作為組織的基礎。換句話說，他們從所有分店分享的創意中挑選出好的，盡快徹底拷貝（TTP），然後進一步超越（TTPS）。

具體流程則是：全國店長在每周五透過視訊會議舉行周會，並在會議上報告各店在當周採取的措施。

福岡天神店在參加會議時，會從其他分店報告的措施中選擇徹底複製（TTP）的項目，並且在周六、周日的接待中實踐。

　　接著經過周一、周二的休假，在周三到周五的平日期間進一步改良（TTPS），摸索更加提升顧客滿意度的方法。

　　於是他們就能在短短的一、兩周內，在周五的店長會議上報告，他們進一步改善其他分店創意的方法。

　　換句話說，福岡天神店將自己的組織定位為「改良其他分店創意的分店」。

　　無論是其他分店還是我自己，對此都感到相當驚訝。

　　原本只是TTP執行者的福岡天神店，搖身一變成為TTP對象。店鋪規模小，員工人數當然也少，因此更容易進行決策。這可說是將乍看以為是缺點的特質，反過來當成優勢運用的成功案例。

CHAPTER **3.**

實踐
KPI 管理前
必須知道的 3 件事

01

透過「結構」及「水準」，掌握公司方向性

　　思考任何事物時，我都習慣將其分解成「結構」與「水準」來理解。

　　「結構」是事物的全貌，顯示其運作的機制。至於「水準」則是程度，也就是說，可以透過數值加以掌握。

　　這個方法在思考 KPI 時也有效。

　　確認最終目標數值 KGI，掌握其與現狀的差距，分辨克服差距的關鍵流程 CSF，再將其設為定量目標，而這個定量目標就是 KPI。

　　換言之，確認 KGI 就是設定 KPI 的出發點。

　　KGI 是數值化的目標。如果目標與 KGI 出了差錯，之後設定 KPI 的步驟當然也就失去意義。

　　如果你是經營者，就能夠親自設定，或是與周圍的經營團隊、夥伴一起設定目標與 KGI。但是絕大多數的人都沒有參與決

策流程,這代表目標與 KGI 都是給定(預先給予)的資訊。

　　這項資訊是需要確認的。如此一來,才能知道公司往哪裡前進、前進多少距離。

　　而這些資訊,就存在於經營者的新年致詞與歸納事業策略的資料當中。

展現公司該往哪裡前進的資訊來源

　　提到新年談話,有些人就會說:「我們公司的新年致詞裡,沒有寫到什麼重要內容。」要是我問他們:「可以告訴我,寫在新年致詞裡的那些『不重要內容』是什麼嗎?」多數的人卻都回答不出來。

　　其實他們沒有讀。正確來說是曾經讀過,但因為內容太無聊,所以就不再讀了。又或者周遭前輩告訴他們,讀那些沒有什麼意義,他們就把前輩的建議當真。

　　這實在太可惜了。

　　新年致詞的典型格式多半是:先進行節日問候或介紹經濟環境的變化等,接著開始闡述公司的狀況與今後的方針。我自己身為經營者與事業負責人,也很努力思考該怎麼寫。

　　請試著從新年致詞中找出關鍵字吧!

　　因為這就是經營者想要傳遞的訊息。

　　而這些訊息就是這個年度「最重要的字眼」,檢視自己組織

的 KPI 時可不能忽略。

不過，新年談話確實也是給外面的人看的訊息。如果你能取得**本年度事業策略與事業方針**的資料，請務必確認其內容。因為這些資料中絕對會載明負責事業的目標與 KGI。

而這些資料中，應該也會介紹幾個幫助達成目標的事業策略。這些都有助於日後鎖定 CSF、設定 KPI。

容我再強調一次，不需要從零開始思考或推測已經決定的方針、策略與戰術，先從閱讀新年談話並取得事業策略等資料開始，同時從這些資料中加以確認。

02

實現持續經營的 KGI

設定 KPI 時,首先要確認 KGI,再確認與現狀之間的落差,接著找出克服落差的關鍵流程 CSF。

而將 CSF 化為定量目標後,就是 KPI。

KGI 有時可透過新年感言或事業戰略資料確認,但很可惜,有時即使研究了這些資料依然無從判斷。

所以先跟各位介紹——思考什麼是 KGI 時,我總是會在 KPI 講座中提到的內容。

那就是「**KGI 的本質**」。

讓事業持續經營所該做的事情

各位聽過**持續經營**(Going Concern)嗎?這個詞彙還有許多不同的翻譯。

直譯指的是「興隆的商店或事業」,以定義說明則是「**讓**

事業永遠持續下去,以不發生停業或重整為前提的思考方式」。

換句話說,就是讓事業持續經營。

我在 KPI 講座中會提到這樣的內容。

我們開始一項事業並讓顧客購買、使用其商品或服務。如果商品或服務是好的,我們就會產生責任。

是什麼樣的責任呢?

對於使用這項商品與服務的顧客,我們有責任創造一個讓他們能夠持續使用該商品與服務的狀態。例如:發生問題時可以諮詢、出現故障時能夠修理。換言之,就是我們有提供售後服務的責任。

我們也必須持續製造實現顧客需求的商品,有責任不斷開發新產品。

一旦展開一項事業並提供給顧客使用,就應該這麼做。如果賣出產品之後就事不關己,那是行不通的。

持續改善商品與服務是我們的責任。

因此也需要將資源投入在改善並強化目前的組織、確認顧客的需求、開發新商品與服務上。這樣的投資也不只限於當下,必須持續執行。

這代表必須持續投資,也需要不斷創造利益以作為資本。換句話說,也必須持續獲利。

如果只能暫時獲利、投資,虧損時就會出現問題,也將對顧客造成困擾。因此獲利不能是一時的,必須持續不斷地創造利

益。

換句話說，KGI 的最終目標就是利益。

而持續獲利就是 KGI 的本質。

所謂的持續，就是短期與中期都必須獲利。必須在短期，也就是本期獲得利益，同時做好中期的準備與投資。

若非如此，就無法持續經營。

當然，在某些階段會有例外。其中一項例外就是事業的草創階段。

新事業多半從虧損開始，在某些情況下只專注於獲取眼前的利益並沒有意義。

而且為了抓住市場需求，掌握以某個單價以上進行交易的顧客需求，或許是更加優先的事項。

又或者，重振虧損事業時也是如此。比起獲利，在某些階段縮小虧損幅度，或許是更加優先的。

當然，所有道理都存在例外。

但是請記住，事業應該以持續獲利為前提來經營，而從這個觀點來看，公司整體的 KGI 就是獲利。

KGI 的本質是什麼

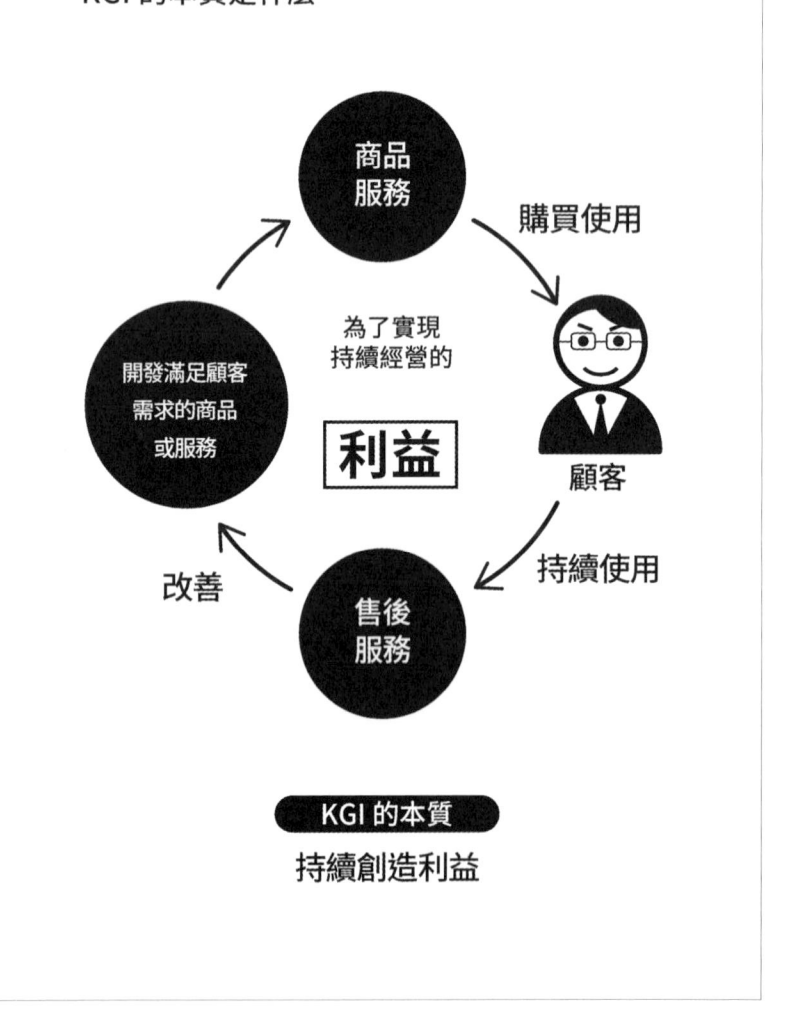

商品服務 → 購買使用 → 顧客 → 持續使用 → 售後服務 → 改善 → 開發滿足顧客需求的商品或服務 →

為了實現持續經營的 **利益**

KGI 的本質
持續創造利益

03
將利益最大化的基本概念

前面提到 KGI 就是利益。

那麼接下來,一起來思考利益是什麼吧!

我在前面提過呈現利益的公式:**利益＝營收－花費**。

想要增加利益,只須提升營收或減少花費,抑或是兩者並行。也就是可以用「利益增加＝營收增加－花費減少」的公式來表現。這代表必須思考以下 3 件事情:

① 如何增加營收
② 如何減少花費
③ 該如何控制營收與花費互相影響的項目

①與②或許可以想像,問題通常都出在③。

提升利益該做的事情

$$利益↑ = 營收↑ - 花費↓$$

營收＝顧客數 × 平均單價
花費＝成本＋管理費用
（＝人事費＋促銷費＋廣告宣傳費＋業務費用＋
辦公室相關費用＋折舊費＋其他）

以此為前提，將利益最大化的公式…

$$利益↑ = \begin{matrix}顧客數↑ × 平均單價↑ - \{成本↓ + 管理費用↓ \\ (＝人事費↓＋促銷費↓＋廣告宣傳費↓＋業務費用↓ \\ ＋辦公室相關費用↓＋折舊費↓＋其他↓)\}\end{matrix}$$

提升利益，只須使↑的項目增加、使↓的項目減少即可。
但是這些項目會相互影響。
（舉例來說，顧客數↑與人事費↑，促銷費↓、廣告宣傳費↓、業務費用↓等）

以簡單的公式進行說明。

請看上圖。

想要增加利益，只須使有「↑」的項目增加，或是有「↓」的項目減少即可。看起來似乎很簡單，但這時出現了一個問題「③該如何控制營收與花費互相影響的項目」。

換句話說，↑的項目與↓的項目並非各自獨立，而是互相影響。

例如，希望增加顧客數可以想到幾個戰術，像是強化廣告宣

傳、增加業務量、強化業務提案力等。

但這些戰術都將導致花費增加。

舉例來說，強化廣告宣傳將使廣告宣傳費增加、增加業務量將會提高業務的人事費，至於強化業務提案力則會增加教育研習的費用。

這代表想要增加營收，也必須增加花費。

這是理所當然的，但有時候卻會忘記這樣的理所當然，以為只要能夠使營收增加，或是讓花費減少，不管做什麼都可以，導致單獨且盲目地追求「①如何增加營收」與「②如何減少花費」。

如何控制營收與花費相互影響的項目

這麼一來，「③該如何控制營收與花費互相影響的項目」就變得很重要。

將所有項目都當成變數思考有其極限。而且如果每次控制時都得重新評估，判斷的速度就會變得很慢。

那麼，該怎麼做才好呢？

很簡單，只要設成「常數」即可。

以前面的例子來看，如果「想要增加顧客數，必須強化廣告宣傳」，就是事先決定好增加一名顧客所須的平均廣告宣傳費。

舉例來說，可以事先決定最多可以使用 10,000 日圓來增加一名顧客。

或者像「想要增加業務量,必須增加業務人事費」的例子也一樣,只須決定增加 1 單位業務量的平均花費即可。教育研習費的例子也是同理。

實際上,經營事業時無意識地決定平均與上限是很常見的,人事費中的加班費或休息日出勤加給等,就是典型的例子。

這麼一來,**與事業策略、戰術關聯性較低的項目就會變成常數**。

KPI 管理的層次就會因此一口氣提升(將哪些項目設成常數,就某方面來說也是各組織的內部實用性知識)。

將營收與花費相互影響的項目
設成「常數」來控制

以增加顧客數為目的，強化廣告宣傳的案例
⇩
為了增加一名顧客，可使用 10,000 日圓的
廣告宣傳費

利益↑ ＝ 顧客數↑× 平均單價↑－{成本↓＋管理費用↓
(＝人事費↓＋促銷費↓＋廣告宣傳費↓[※1]＋業務費用↓
＋辦公室相關費用↓＋折舊費↓＋其他↓)}

（※1）......每一名顧客的廣告宣傳費為一萬日圓

為了增加業務量，增加業務人事費的案例
⇩
決定增加一單位業務量的平均花費

利益↑ ＝ 顧客數↑× 平均單價↑－{成本↓＋管理費用↓
(＝<u>人事費↓</u>[※2]＋促銷費↓＋廣告宣傳費↓＋業務費用↓
＋辦公室相關費用↓＋折舊費↓＋其他↓)}

（※2）...決定平均花費

> **將營收與花費相互影響的
> 項目設成「常數」，一口氣提升
> KPI 管理的層次！**

CHAPTER **4.**

從各種案例中學習吧！
——KPI 案例集

案例 1

強化特定銷售活動，提升業績！

接著就來看看大家自行設定 KPI 時可以參考的案例。

首先是想要擴大營收的情況。

閱讀新年談話或是事業策略的資料，就能看出裡面所寫的方向。

例如增加顧客數、增加每名使用者的營業額、擴大特定商品的販賣、強化特定使用者、強化特定地區、強化特定業務步驟……

分解業務流程，擬定提升業績的策略

讓我們以業務組織為例來思考。

首先試著依照流程分解銷售活動。將業務流程拆解並畫出流程圖，也有助於透過視覺理解。

主要業務流程可歸納為以下 6 個步驟：①列出潛在客戶的清單→②接觸→③聆聽需求→④簡報→⑤成交→⑥交付產品或服務。

其柱狀圖如下方圖表所示，由左至右越來越低。

這表示：假設列出 100 名潛在客戶（①），在下一步接觸時（②）進行取捨，只接觸了 90 名潛在客戶。

當然，如圖所示，客戶數量在下一個步驟也同樣減少了。

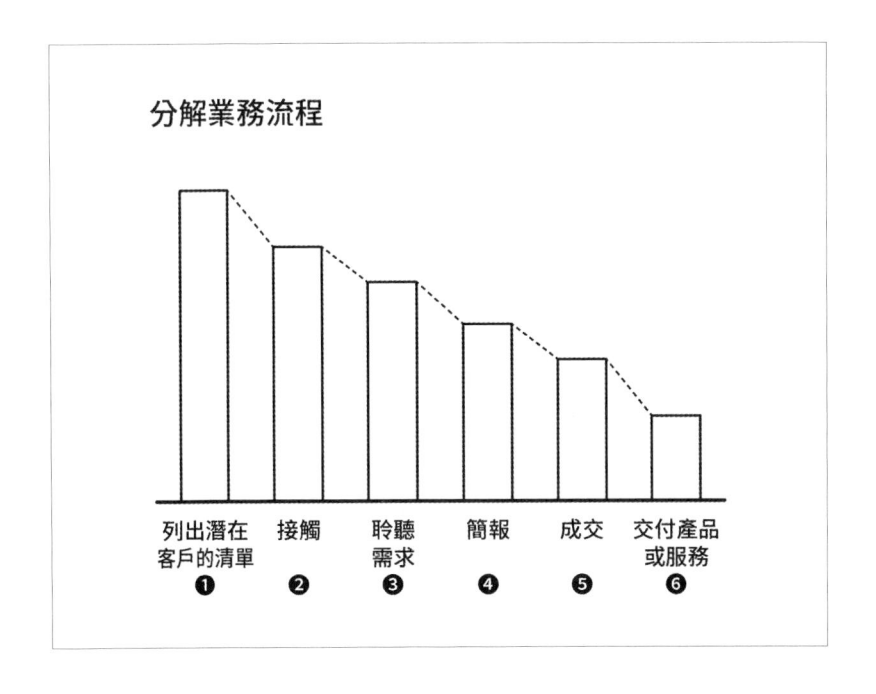

至於業務組織的業績，可以寫成以下公式：**營業額＝銷售活動量 × 接單率 × 平均單價（定價－折扣）**。

因此提升業績的選項有下列 3 項：

選項 A：增加銷售活動量
選項 B：提高接單率
選項 C：提升平均單價

而「增加銷售活動量」需要：①列出潛在客戶的清單、②接觸、③聆聽需求、④簡報，以上的行動量都有所增加。

為了「提高接單率」，則需要增加從①到④的銷售活動，進而提升⑤成交的比例。

至於「提升平均單價」，則需要在最後⑤成交的步驟，提高成交的金額。

增加銷售活動量的方法

接著讓我們思考具體的方法吧！

首先來想想**選項 A：增加銷售活動量的方法**。

假設②接觸量成功增加到 1.2 倍，剩下的（B）接單率與（C）平均單價則順利維持不變，營業額就能變成 1.2 倍。

一般而言，業務的行動量增加，業務的工作量（工時）也

必須增加。而要求目前的業務負責人努力將銷售活動增加到 1.2 倍,未免太過理想化了。

　　比較實際的選項是雇用新人,或是外包給業務代理公司。而執行這些方法必然會導致延後執行時間,因為不管是雇用新人還是外包,都需要進行教育訓練,當然也必須產生新的成本。

　　另一個方法是重新檢視目前的業務與非銷售活動(開會或製作資料)中,減少不必要的工作,從中創造出工時。

提高營業額的 3 個選項

營業額＝銷售活動量 × 接單率 × 平均單價(定價－折扣)
　　　　　　　A　　　　　B　　　　　C

A…增加銷售活動量
B…提高接單率
C…提升平均單價

提高接單率的方法

接著來思考**選項 B：提高接單率的方法**。

舉例來說，接單率可以用「⑤**成交** ÷ ②**接觸**」的分數來展現。

因此可以選擇增加⑤成交量，或是減少②接觸量。

如果想要增加⑤成交量，可以想到的方法有：
③加強聆聽需求，提升④簡報時提出的企畫案內容。

又或者在④簡報時向顧客提出容易理解其價值的商品方案。

至於減少②接觸量，則可透過改善①潛在客戶清單的品質來實現。

⑤或②哪個選項都可以，但現場的實際狀況也是重要的考量因素。

舉例來說，如果商品本身無法改變，就不能選擇「④簡報時向顧客提出容易理解其價值的商品方案」這個方法。

具體的策略（例）

選項 A　增加銷售活動量
　　　　接觸量（業務流程❷）增加到1.2倍
　　　　⇒雇用新人、外包等伴隨著新的花費！

選項 B　提高接單率

$$接單率 = \frac{成交量（業務流程❺）⇒增加}{接觸量（業務流程❷）⇒減少}$$

選項 C　提升平均單價
　　　　改善折扣狀況、開發高價商品等

提升平均單價的方法

最後來看**選項 C：提升平均單價的方法**。

為了提升平均單價，可以想到的方法有：改善折扣狀況、販賣多種商品、販賣高價商品等。

如果販售現場有盲目打折的習慣，只要加以改善就能提高營業額。而且改善後所增加的營業額將直接成為利益，帶來的影響非同小可。

想一次全部提升，太不切實際了

我在這裡提到了 3 種方法，而像這樣以乘法公式呈現營業額，往往會讓人將 3 種要素全部當成變數，並試圖分別提升。

實際上，要 3 種數值全部提升是相當困難的。

我曾為接手的事業擬定三者同時改善的計畫，儘管改善幅度不大，卻遭遇嚴重挫折。

因此，必須決定專注的項目才行。

我在負責業務組織時，實際選擇的項目是提升接單率。

基本上就從這裡開始著手。

詳細來說，我將簡報設定為關鍵流程 CSF，並將簡報中的提案金額設定為 KPI。

各位或許很難理解，為什麼將提案金額設定為 KPI，就能改善接單率呢？

決定該專注於哪個流程的哪個數字

CSF
⇩
哪個流程？
簡報

KPI
⇩
哪個數字？
提案金額多少？
○○萬日圓

⇩
鎖定流程能夠累積組織智慧
⇩
改善接單率！

這個理論所根據的概念如下：

我收集了業務負責人過去的提案金額，以及實際接單金額的相關數據。

例如業務負責人在簡報中的提案金額是 100 萬日圓，接單金額是 50 萬日圓，那麼這位業務的接單金額就是提案金額的 50%。

根據這個數據，可以假設他的提案金額必須是目標金額的 2 倍。

假設目標是 200 萬日圓，提案金額就必須是 400 萬日圓。

這時業務負責人就會檢視客戶清單，盤算著該向哪位客戶提

案多少金額才能達到 400 萬日圓。

如果實際對顧客進行簡報，就將這筆金額加進去。

不過，如果提案的金額並非客戶願意考慮的數字，這一切也沒有意義。

雖然數字可以由業務負責人報告就好，但也可以請他們在這時準備一張簡單的卡片，讓客戶親自寫下考慮的金額並簽名。

這個簡單的步驟，就能為提升接單率帶來貢獻。

理由有二：

首先，業務負責人在看待事物時往往會過於樂觀（我以前也是如此）。也就是說，通常會將客戶考慮的金額估得過高。請客戶寫下考慮的金額，就能避免這樣的落差。

請客戶簽名還有另一點好處，能夠提高下單的機率。

因為一旦簽了名，就會想讓案子繼續發展下去。即使只是簡單的卡片，而非申購書或契約書，也有同樣的效果。

也就是說，原本設定的接單率是 50%，光是請客戶寫下考慮的金額並簽名，就能提高接單率。

專注於提升接單率

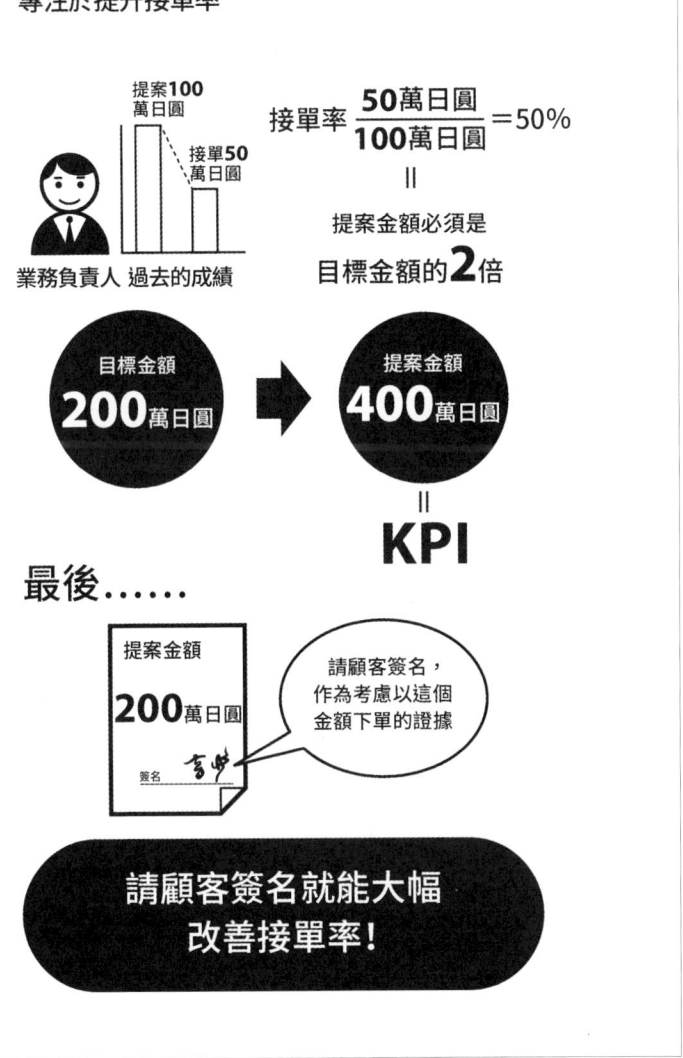

業務負責人 過去的成績
提案100萬日圓
接單50萬日圓

接單率 $\frac{50萬日圓}{100萬日圓} = 50\%$

=

提案金額必須是目標金額的 **2**倍

目標金額 **200**萬日圓 ➡ 提案金額 **400**萬日圓

=
KPI

最後……

提案金額 **200**萬日圓
簽名

> 請顧客簽名，作為考慮以這個金額下單的證據

請顧客簽名就能大幅改善接單率！

縮短時間，能夠有效增加業務行動量

成功提升接單率後，就進入到下個步驟：增加業務量。

在這個時候，測量「時間」會是個有效的方法。

銷售活動展現在以下 6 個步驟：①列出潛在客戶的清單→②接觸→③聆聽需求→④簡報→⑤成交→⑥交付產品或服務。而這裡所謂的「時間」，指的是從一個步驟進入到下一個步驟所花的時間。首先，請測量這段時間花了多久。

接下來，請評估從①列出潛在客戶的清單，或從②接觸，到⑤成交、⑥交付產品或服務所需的時間是否能夠縮短。

如果能夠縮短這些「時間」，就能增加業務量。

舉例來說，假設這套業務流程原本需要 1 個月，1 年只能跑 12 次流程。如果業務流程能夠縮短為半個月，1 年所能跑的流程就是原本的 2 倍，24 次。

這代表縮短流程之間花費的時間，就能使業務行動量增加為 2 倍。

縮短業務流程的 3 個方法

縮短業務流程有以下 3 個方法。

（1）省略流程

（2）流程標準化

（3）業務分工

舉例來說，將②接觸與③聆聽需求同時進行，就能將 2 個流程簡化為 1 個。

在第一次拜訪顧客時先準備好需求調查工具，以便鉅細靡遺地聆聽顧客的需求。只要這樣做，就能簡化流程。

流程標準化，則是將各流程所進行的工作標準化，建立業務話術與業務工具。

舉例來說，某業務組織中多半都是沒有業務經驗的人，所以不會在第一次拜訪客戶時就進行簡報，而是只預約下次拜訪的時間，第二次拜訪時才進行簡報。而第一次的拜訪，只聚焦於 3 分鐘內設定好下次的拜訪時間，並且為了將業務標準化而準備好工具。

至於業務分工，則可以由業務之外的部門負責①列出潛在客戶的清單，並由客服中心統一負責②接觸。

我所負責的組織，原本的標準流程是先進行③聆聽需求，之後再進行④簡報。至於簡報所需的資料，則在③聆聽需求日與④簡報日之間準備。

可是只要一忙起來，就會忍不住將兩者之間的間隔拉長。一旦拖久了，客戶好不容易被挑起的興致就會淡下來。

如此一來，不僅接單率下滑，嚴重時甚至可能被取消簡報的

預約時間。

於是我改變流程,改成在聆聽需求的當天同時進行簡報。

現場的工作夥伴原本非常抗拒,但我們建立了標準流程,準備好前述的工具與話術,並且透過角色扮演等方式練習,幫助大家熟悉作業。

於是業務流程縮短了,能夠服務的客戶多了2倍以上。再加上接單率已經提高,業績也有了大幅成長。

而且在客戶興致高昂時進行簡報,也出乎意料地成功增加些微的接單率。

因為流程順利標準化,後來也將其設計成銷售活動支援系統,成功幫助經驗尚淺的菜鳥業務員提升銷售活動量。

這時有個重點,那就是:

「先提升接單率再增加銷售活動量」的順序。

由於接單率已經提升,日後銷售活動量增加時,就能以較高的比例接單。

順序千萬不能顛倒。

縮短業務流程之間的時間，
業務行動量就會增加

測量時間

列出潛在客戶的清單 ⟩⋯⋯⟩ 接觸 ⟩

成交 ⟩ 交付 ⟩

⬇ 縮短時間

列出潛在客戶的清單 ⟩ 接觸 ⟩

成交 ⟩ 交付 ⟩

透過縮短時間增加銷售活動量！

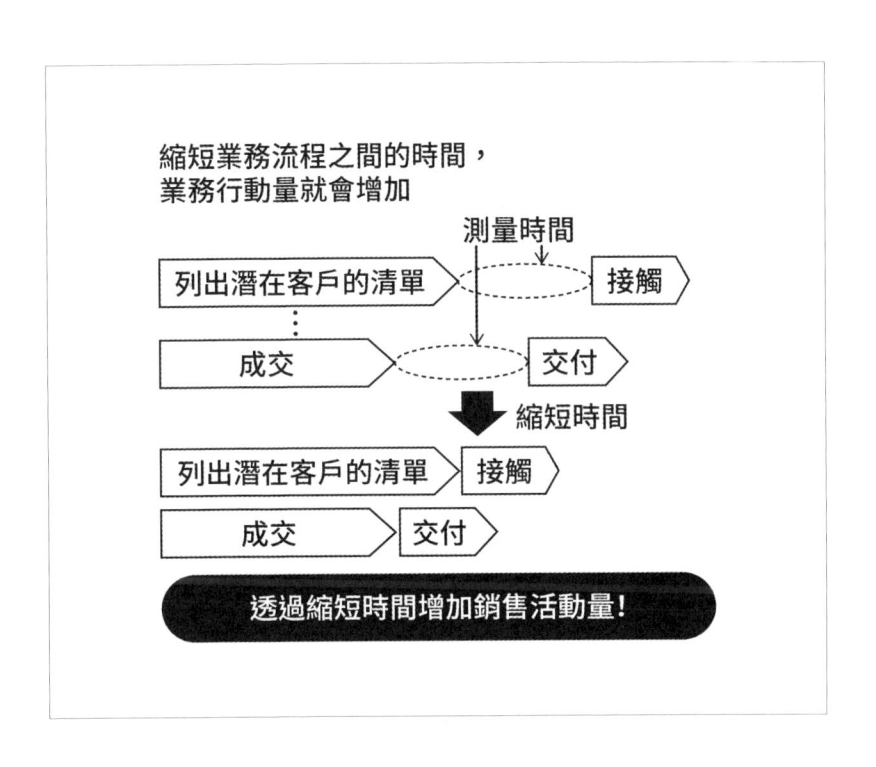

案例 2

鎖定區域，擴大業績！

有時會將營收分成不同區域來思考。

例如營收＝區域 A ＋區域 B ＋區域 C……

舉例來說，在以個人為導向的服務中，為了接觸個人，會根據個人的「生活圈」來劃分特徵。

而生活圈大致必須依照個人的生活動線，劃分成 2 種區域來思考：

分別是個人居住的「居住區」，以及上班或上學的「就業與就學區」。

為了有效率地向個人提供資訊，必須注意到這 2 種區域的分別。因為一種是如何提供居住者資訊，另一種則是如何提供上班或上學者資訊。

都市地區生活圈有特殊狀況

我們平常都在生活圈當中度過。一般來說，每個縣都存在著多個生活圈，通常為 1～3 個。

但是像東京這樣人口眾多的大都市，可能存在著 10 個以上的生活圈。而且東京的個人，平常就會跨圈移動。

具體來說，除了居住區、就學就業區之外，很多人都擁有第三、第四個生活圈。

根據生活圈劃分營收的提示

- 居住區
- 就業與就學區
- 娛樂區
  ＝
  東京還要加上這個區域
  （大都市）

這個生活圈稱為**娛樂區**。

因為在澀谷、銀座、新宿等地有大型商業區聚集，所以會發生這樣的狀況。

這代表東京與其他都市截然不同，個人的行為特徵也不一樣，因此營業額的規模也與其他地區是完全不同層次的。

擬定自家公司戰略的總公司多半位於東京，而站在東京的角度，會覺得地方的事業規模小，看起來缺乏魅力。這樣的觀點就和「從營收規模大的現有事業」評估「營收規模小的新事業」時，以及「從高收益的日本事業」評估「低收益的海外事業」時類似。

縮小並鎖定客群的行銷手法

這時可以將東京、大阪、名古屋等大都市圈與其他地區分開來看。大都市圈以外的地方，縮小並鎖定商品企畫、區域與客群，或許能使事業發展更加順利。

瑞可利曾經有過「狹域事業」部門，但現在已經不存在了。這個部門根據與主要車站的距離決定商圈、鎖定業種，提供固定的服務企畫。

舉例來說，以距離主要車站 300 公尺內的居酒屋為對象，專注於提供連續 5 次 2 分鐘的一頁企畫，嘗試進行擴大販賣。

並將其在整體廣告中所占的比例設定為 KPI。

如此一來就能鎖定條件，收集類似案例，業務負責人之間的知識管理也更容易運作。

　詳情請參閱平尾勇司的著作《Hot Pepper 奇蹟故事──瑞可利式「愉快事業」建立法》（*Hot Pepper ミラクル・ストーリー──事業マネジメントを学ぶための物語*），書中有詳細介紹，有興趣的讀者不妨找來看。

　這本書中整理出經營事業的訣竅與制定 KPI 的重點，非常推薦大家讀看看。

　我曾擔任附屬於 Hot Pepper 的「狹域事業」部門監察，並在從事這份工作時，研究其事業機制，加以參考後分析自己的事業，以及製作初期 KPI 講座的內容。

案例 3

根據商品特性，
將特定使用者數設為 KPI

　　有時也可以根據商品特性，將營業額依照「使用者群」或「使用者別」分解後再思考。

　　這時的營業額可以表現為：營業額＝使用者 A ＋使用者 B ＋使用者 C……

　　根據營業額調整排列順序，製作累積顧客數與累積營業額的折線圖。如此一來就能看出營業額排名前 X%的使用者，其累積營業額占總營業額的百分比。

　　其中一種參考狀況是：營業額排名前 20%的使用者，占了總營業額的 80%，這時就能有效分析，是否該針對特定使用者加強銷售活動。

　　一般都將這稱之為**帕雷托法則**（Pareto Principle，也有人稱之為 80／20 法則）。

　　另一種更加集中的狀況則是少數使用者卻占了營業額的 50%

以上,這時就需要確實分析。

首先,掌握營業額高的顧客是否具有共通特性。例如特定業界、特定區域、特定企業規模(營收、利益或員工人數)等。

顧問等產業,則必須配合業界變化調整重點企業。某顧問企業就很擅長這樣的戰略。

營收 2 位數成長的成功案例

瑞可利的各種事業體,人才雇用與研習支援服務的交易規模,因員工人數多寡而有著很大的差異。

畢竟員工人數 100 人與 1,000 人的企業,雇用與研習的員工人數當然不同。理所當然的,員工人數多,更有可能談成大筆生意。只要將這個理所當然確實設定成關鍵流程 CSF,並當成 KPI 管理即可。

以下就是著眼於目前營業額並設定成 KPI 的案例。我認為其方法對於提高未來的營收而言相當科學,所以介紹給各位。

到前半部為止都是相同的。**選出與自家達成高額交易,或是交易額最近變大的企業,並找出其共通點。**

舉例來說——

◎ 在某些產業中有政策變動
◎ 擁有一定程度以上的企業規模

試著根據營業額分析使用者

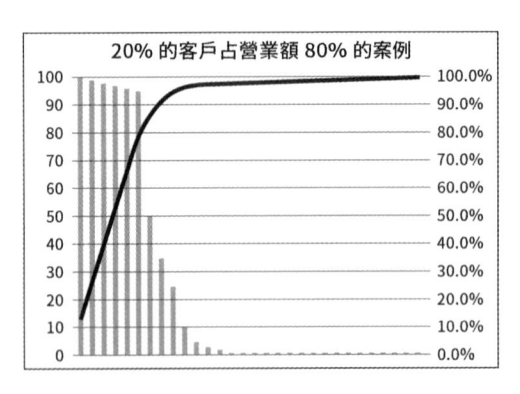

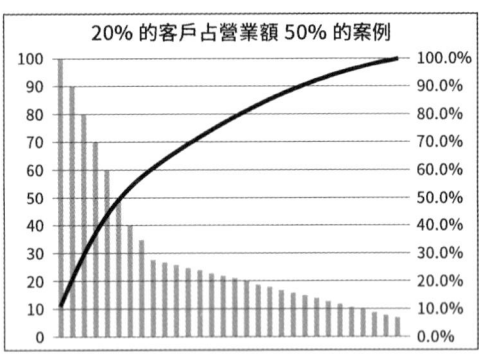

20% 的客戶占營業額 80% 的案例

20% 的客戶占營業額 50% 的案例

↓ 分析

營業額占比高的顧客是否有共同特徵？
特定產業、特定區域、特定企業規模 等

◎ 能自己提出解決該企業課題的獨家方案

以上是必要條件。再加上以下這項充分條件——

◎ 與正確的人洽談

　　換句話說，交易額高的企業同時滿足以下 2 項共通點：「針對理由明確的目標企業，準備自己的獨家提案」，以及「將這項方案提給理解其價值，並且能夠做出決斷的人」。

　　達成這 2 個條件不能依靠偶然，而是要使其成為必然。因此他們首先選定對象。

　　在上述例子中，他們從有政策變動的產業中，選出具一定規模的企業。而去年交易過的企業中，有數十家滿足這項條件。無論去年度的交易額多寡，只要挑出符合條件的企業；從去年度未曾發生交易的企業群中，也挑出相同數量的企業。

　　接著決定負責人。該公司的商品與服務共有 6 種。每家分派 8 個人負責，分別是業務負責人、協調者兼專案經理，以及 6 種商品及服務的負責人。

　　再強調一次，無論去年度是否有過交易，每家企業都分派 8 個人負責。而去年度交易過的企業，也不是 6 種商品與服務全都購買，由此可知在這些企業群投入了相當多的人力資源。

　　而這個 8 人團隊隨後進行了 2 項活動。

一是為對象企業量身打造能解決問題的獨特提案企畫，另一項活動則是找出對的人（理解該提案企畫的價值並能進行決斷），創造能與這個人見面並提案的狀態。

以上這 2 項工作要同時進行。

而在團隊建立後的第一個月、第二個月、第三個月等，都設定提案企畫的關鍵進度，以及與正確窗口建立關係的關鍵進度。只要沒有達成進度就解散團隊，成員則轉為協助其他團隊。

也就是說，各階段的進度內容就是關鍵流程 CSF，而進度達成率則是 KPI。

該公司透過這樣的方法，使業績每年持續有著 2 位數以上的成長。可說是創造新營收的成功模式之一。

在銷售活動中，套用作業成本

接下來介紹的參考案例，是要說明將這個方法套用在特定企業時，必須注意的事項。

這個案例將告訴我們，確實有著交易額龐大卻不賺錢的企業。而這是將工廠會計使用的 ABC 作業成本法（Account Based Costing）套用到銷售活動的案例。

創造新營收的成功模式範例

> 提出可行方案並向理解其價值的人提案

①選出極有可能大規模訂購服務的客戶

②組成團隊
　業務負責人＋協調兼專案經理＋商品負責人(各商品群)

③製作客戶會買單的提案企畫

④確定能夠理解其價值的人並約好時間

⑤**CSF** 就是③④的進度，**KPI** 則是進度達成率
　第一個月：①確定提案假說
　　　　　：②確定候補對象

　第二個月：①製作各項提案
　　　　　：②確定對象（正確的人）

　最終月　：①製作提案並準備簡報
　　　　　：②與（正確的人）約好時間
　　　　　⇒若進度延遲就解散團隊，轉為協助其他團隊

這種成本計算方法中，產品不僅包含了原料等成本，還包括在工廠進行作業的人事費。具體做法就是測量在生產線作業的時間，並考慮作業者的時間單價，將其計入產品成本當中。

如此一來就能掌握產品的真正成本。就結果來看，也能掌握利益率。除了工廠之外，顧問企業有時也會以同樣的方式掌握顧問活動。

而這個方法，也能套用在銷售活動上。

業務負責人前往 A 公司洽談商品 a 時，根據時間計算的「業務員人事費」，也會計入這項商品的成本中。

除了業務負責人之外，舉凡協助銷售活動的助理、商品負責人、顧問等為 A 公司商品 a 進行活動的人事費等，都同樣計入成本。**如此一來，就能掌握各企業的利益與各商品的利益。**

這時，可能會驚訝地發現，交易額高的企業不一定能夠獲利。同理，也可能發現特定商品並不賺錢。

交易額明明這麼高卻不賺錢，真的很不可思議。

會造成這樣的情況，主要有 2 個原因。

首先是交易額高，因此要求折扣的態度也會很強硬，所以折扣額也高。

另一個原因則是，對方的要求同樣也高，因此公司內外的人才花了很多時間交涉。而且要求高，能夠解決問題的人才有限，人事費用因而墊高的狀況也會變得更嚴重。

必須重新思考與這些事業群的交易。既然交易無法獲利，就

很難找到持續下去的意義。

而改善折扣狀況就是首要之務。

附帶一提,公司在評價、表揚業務時,有時只看營業額高低,沒有考量利益。而引進 ABC 作業成本法,就能避免這樣的狀況。雖然 ABC 作業成本法會花點時間,但有時只要保留約 2 周的時間,或是派人密切觀察,就能判斷是否有必要正式引進。

Account Based Costing＝將銷售活動的成本，連結到產品成本與利益

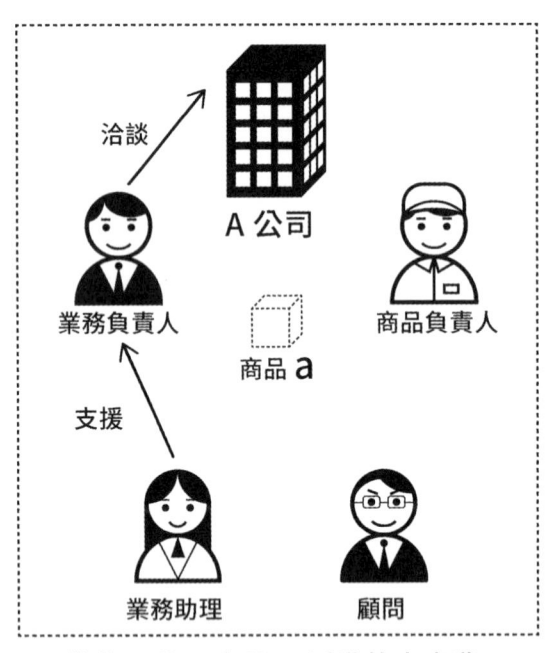

洽談

A 公司

業務負責人

商品 a

商品負責人

支援

業務助理

顧問

將為 A 公司商品 a 活動的人事費，
全部計入產品成本

⬇

◎掌握各企業的利益！
◎掌握各產品的利益！

案例 4

預判時代變化，
將重心轉移到特定商品

像瑞可利這種從事資訊媒合的商業模式，必須意識到使用者分成 2 種。分別是提供資訊的企業使用者（客戶），以及收集資訊的個人使用者（顧客）。

基本上，瑞可利從提供資訊的企業使用者身上收取廣告費，再免費將資訊提供給收集資訊的個人使用者。

對於媒合事業而言，思考「該使用什麼媒體，才能有效率地將企業使用者提供的資訊，傳遞給個人使用者」是重要的課題。

隨時代改變的資訊傳遞手段

回顧瑞可利的歷史，我們曾經將就業資訊免費送到顧客家裡、在便利商店與車站小賣店販賣情報誌，後來更改為透過自由索取免費刊物、使用電腦或傳統手機等網路媒體。最近手機 APP

成為主流，今後也必須留意聲音、影像、VR 與 AR。但事實上免費刊物至今依然穩健地擁有一群使用者。

2000 年左右的企業使用者，主要還是使用紙本媒體提供資訊。現在想起來，當時網路媒體要成為主要的資訊傳播方式是相當困難的。在這樣的情勢之下，只有部分先進企業將重心轉移到網路上。要所有企業都轉移到網路，似乎還需要一點時間。

部分個人使用者收集資訊的方式逐漸出現變化。尤其年輕世代不斷遠離紙本，透過網路收集資訊的比例提高。使用者獲取資訊的手段，似乎有大幅轉移的跡象。

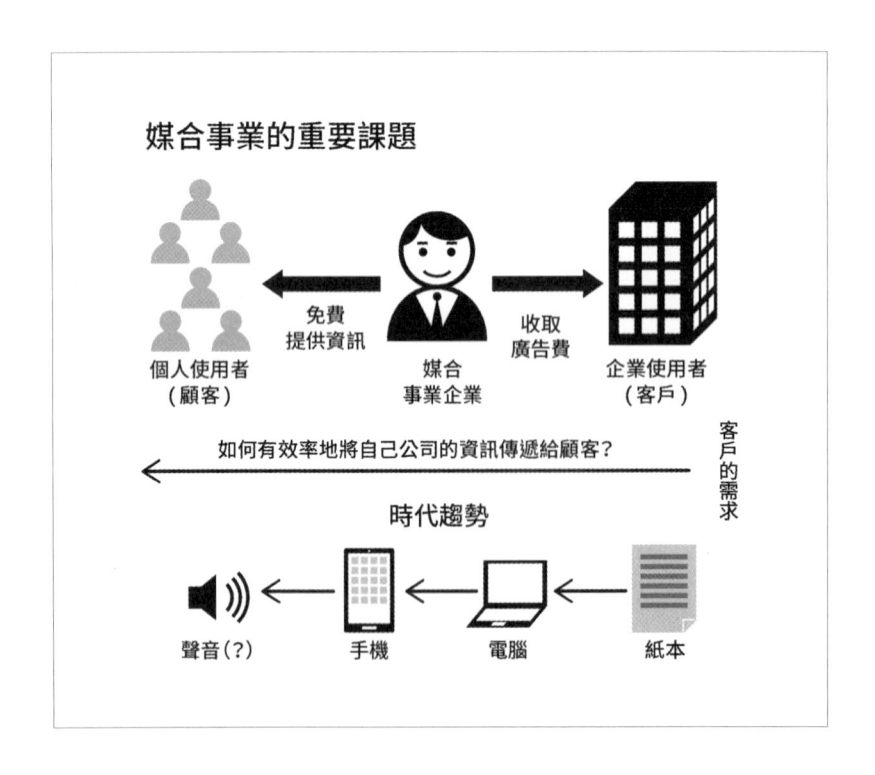

媒合事業的重要課題

個人使用者（顧客） ← 免費提供資訊 — 媒合事業企業 — 收取廣告費 → 企業使用者（客戶）

如何有效率地將自己公司的資訊傳遞給顧客？　客戶的需求

時代趨勢

聲音(?) ← 手機 ← 電腦 ← 紙本

從綜合提案銷售,轉移到主力商品銷售

站在經營的角度來看,試圖將提供資訊的手法,從紙本商品大幅轉移到網路媒體商品,並不是相當特別的做法。

換句話說,這就是將資源挹注到特定商品的銷售。

也就是所謂的「**主力商品銷售**」。

然而,在瞬息萬變的時代,面對企業使用者的各種需求,使用多樣商品綜合性地解決課題,也是十分合理的選擇。

這就是所謂的「**綜合提案銷售**」。

也就是說,若將事業整體的營收表現為:營收=商品 A +商品 B +商品 C +……,那麼該選擇的是只專注於商品 A 的「主力商品銷售」?還是無論商品 A、B、C,賣出哪個都好的「綜合提案銷售」呢?

就某方面來說,這是道終極的選擇題。

而過去採取的銷售策略是「綜合提案銷售」。

該如何增加使用網路媒體的企業數?

我們當時選擇了預判時代變化,將重心轉移到「特定商品銷售」。

而且這個特定商品並非大家熟悉的紙本媒體,而是網路媒體。對於企業客戶而言,使用網路媒體提供資訊,也不是他們熟

悉的方式（這是距今大約15年前的事情）。

這項決定是一大轉變。儘管總部改變了方針，也不認為全公司能夠齊心協力共同實行。因此當時只設計在特定區域、特定期間，嘗試加強網路媒體的「特定商品銷售」。

當時目的是增加使用網路媒體的企業數量。

「增加使用網路媒體提供資訊的企業，讓這些企業透過靠著網路媒體收集資訊的年輕個人使用者的回響，體驗網路媒體的效果」，就是我們想要實現的目標。

網路媒體的營業額是「**使用網路媒體的企業數量 × 每家企業的營業額**」，因此增加了多少企業，對於這次的策略來說是相當重要的。

為了增加使用網路媒體的企業數所採取的密技

接下來必須思考的是：如何增加使用企業的數量。舉例來說，若將企業根據提供資訊的媒體進行分類，可分為以下3類。

① 只靠紙本媒體提供資訊
② 只靠網路媒體提供資訊
③ 同時依靠紙本媒體及網路媒體提供資訊

當時最多的當然是「①只靠紙本媒體」。如果能將這些企業一

口氣變成「②只靠網路媒體」當然最好,但這麼做有其困難之處。

大多數的企業都不喜歡劇烈變化,也可能因為從紙本媒體轉移到網路媒體,而減少個體顧客的回響。

就當時的價格體系來看,紙本媒體還比網路媒體貴,這樣的轉變也可能導致我們的業績下滑。

另一方面,若是「③同時依靠紙本媒體及網路媒體」,對企業而言,提供資訊的手段增加了,資訊當然也就更容易送到個人使用者手上。

不過,若採取這樣的做法,除了紙本媒體的廣告費,還需要網路媒體的廣告費。如此一來,企業的廣告支出增加,成為必須跨越的障礙。

然而,考慮到我們想要獲得的結果,必須選擇哪種方式的答案倒是不言而喻。

於是我們將事業重心轉移到「③同時依靠紙本媒體及網路媒體」。

我們設計價格優惠的套裝商品,同時兼顧紙本媒體與網路媒體,藉此將廣告費的漲幅壓到最低。

並且只在特定區域、特定期間,嘗試擴大販賣價格優惠的套裝商品。

換句話說,我們的經營重心從商品 A ＋商品 B ＋商品 C……轉移到「商品 A ＋ D」。

透過嘗試獲得的各種實用知識

透過這樣的嘗試,能夠收集到各式各樣的實用知識。

將銷售活動分成接觸、簡報、成交、製作廣告與交貨、效果驗收等步驟,就能獲得許許多多的數值與資訊。

舉例來說,接觸與簡報的部分,能夠獲得「業務該／不該對什麼樣的客群進行推銷活動」;簡報與成交的部分,能夠獲得「什麼樣的客群購買／不購買這次的套裝商品」;廣告製作與效果驗收的部分,則能夠獲得「什麼樣的客群回響較大／較小」。

根據事前假設的狀況驗證這些數值與資訊,再依此進行修正。譬如在接觸的部分,調整對象客戶的優先順序;在簡報與成交的部分,重新檢視銷售工具與設置銷售支援組織;在廣告製作與效果驗證的部分,則分享廣告製作的實用知識等。

這項嘗試是為了布局「擴大販賣網路商品」。改善這些修正點,準備迎接即將到來的正式販賣。因此不是只實施一次就結束,而是要毫不懈怠地持續修正、改善。

善用嘗試販賣所累積的實用性知識

銷售活動	獲得的資訊	效果驗收
接觸	該／不該對什麼樣的客群進行推銷活動	●調整對象客群的優先順序
簡報 成交	什麼樣的客群購買／不購買這次的套裝商品	●重新檢視銷售工具 ●設置銷售支援組織
廣告製作 交貨	什麼樣的客群回響較大／較小	●分享廣告製作的實用性知識

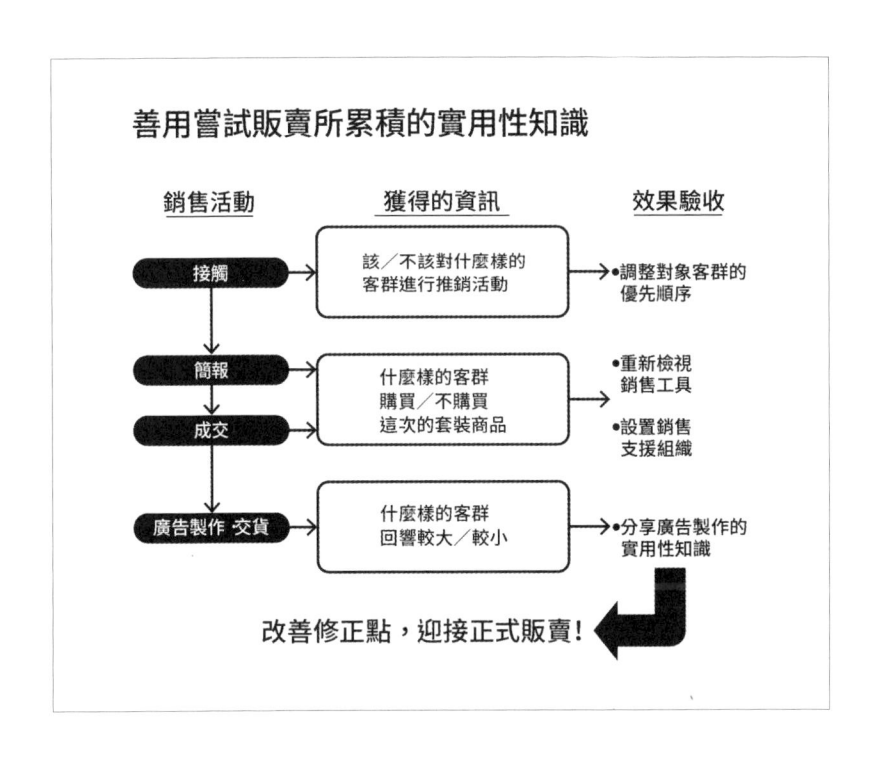

改善修正點,迎接正式販賣!

案例 5

以量計價,提升轉換率!

若對顧客採取以量計價模式,營收可透過「**接觸 × 轉換率 × 商品價格 × 手續費率**」表現。

這麼一來,若想提升營收,可考慮以下 4 種方法。

① 增加接觸(也就是使用者數)
② 提高轉換率=願意購買商品的顧客比例
③ 提高商品價格=增加高價商品的購買率或購買頻率
④ 提高手續費率

四者都是變數,因此都有可能成為關鍵流程 CSF。
但一般來說,增加接觸需要成本。
如果可以的話,先提高轉換率再實施,更能提高生產性。
至於提高商品價格,則必須考量商品特性。
手續費率的部分,就要看如何與提供商品的企業交涉。透過

平台的買賣或許相當困難，其他場合就還有討論的空間。

若手續費率低，損益分歧的販賣個數就會提高。如此一來，就無法保證事業的穩定性。首先請評估手續費率是否有調漲的空間。

事業經營不下去時，經常需要交涉手續費。但到了這個地步，時間有限，很難順利交涉，因為有交期壓力的一方往往會在交涉時妥協。

可以在手續費成為固定值後，再考慮提高轉換率。

而提高使用者的「行動占有率」，對於提高轉換率而言相當重要。

提高「行動占有率」

在此說明「**行動占有率**」的概念。

使用者在評估時會進行同步評價。例如同時評估 5 種商品，並從中選出 1 種。

如果商品之間優劣相同，提出一項商品的銷售活動只能獲得 1／5，也就是 20% 的行動占有率。換言之，如果能夠介紹 5 種自家商品，行動占有率就會變成 100%。

如果使用者從 5 種商品中挑選一種購買，就一定會買到自家商品。

當然，並非所有使用者都一定會買下某項商品。

若將購買某項商品的比例表現視為購買率，轉換率就可以寫成：**轉換率＝購買率 × 行動占有率。**

我透過這樣的分解，得到以下的想法。

「購買率無法提升。」

換句話說，我們無法強迫原本不打算購買的使用者消費，也不應該這麼做。

反之，我們會希望「打算購買的顧客」在購買該商品時，能夠透過我們消費（前提是我們必須販賣優良的商品）。

這就是「提高行動占有率」的概念。

實際上，有些使用者在購買前甚至會同時考慮 10 件以上的商品，反之也有人不會同時評估好幾項商品，而是只考量單一商品，因此相當分散。

若以橫軸為介紹數，縱軸為轉換率，並將數據畫為圖表，則存在著某種臨界值。例如 1 件為 10%、2 件為 30%、3 件為 45%、4 件為 48%，5 件為 49%等。

以這個例子來看，介紹 2 件與介紹 3 件的轉換率截然不同。這代表著，如果能介紹 3 件或 4 件商品給顧客，就值得期待提升轉換率的效果。

舉例來說，若以這個行動為關鍵流程 CSF，就能將 KPI 設為每接觸 100 名使用者，就要向其中的 70 名（70%）介紹 3 件以上的商品。

這個 70%的分母與分子都成為變數。以一定期間為例，假設

能夠接觸到 1,000 名使用者,將其乘以 70%,就能將 KPI 設定為向 700 名使用者介紹 3 件以上的商品。

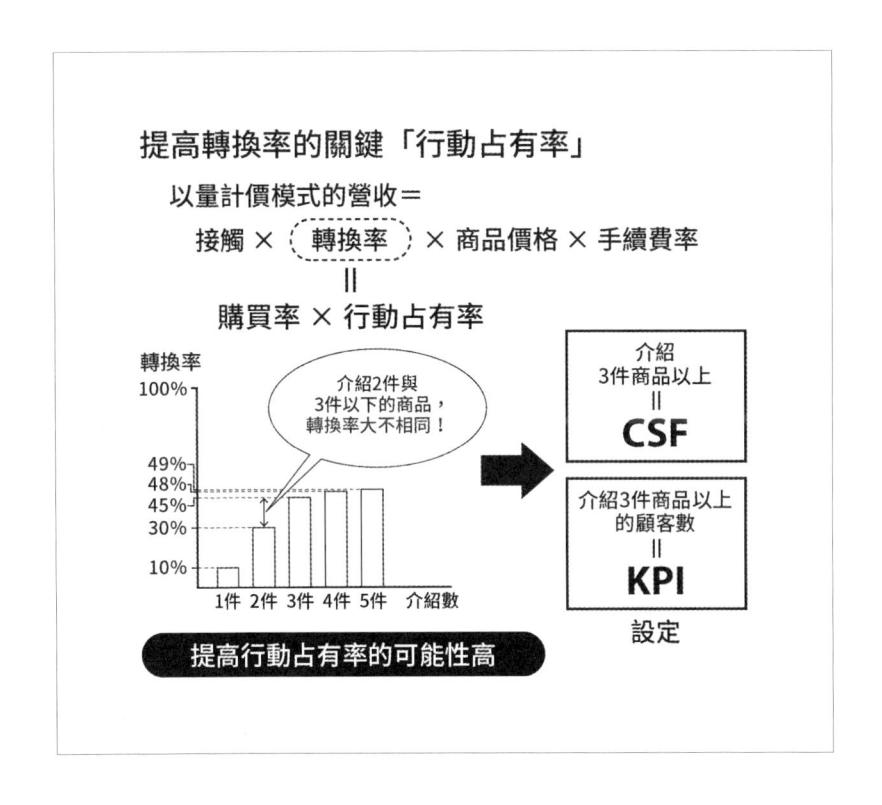

提高轉換率的關鍵「行動占有率」

以量計價模式的營收＝
接觸 × 轉換率 × 商品價格 × 手續費率
＝
購買率 × 行動占有率

介紹2件與3件以下的商品,轉換率大不相同!

介紹3件商品以上
＝
CSF

介紹3件商品以上的顧客數
＝
KPI
設定

提高行動占有率的可能性高

CHAPTER 4. 從各種案例中學習吧!──KPI 案例集

案例 6

將 KPI 的概念
應用到徵才活動

徵才活動可以表現為下列公式：

雇用數＝應徵數 × 錄取率

如果面試分成好幾階段，則可以表現為下列公式：

雇用數＝應徵數 × 第一階段面試通過率 × 第二階段面試通過率 × 最終面試錄取率

應徵數與面試通過率的數據，不同企業會有很大的差異，也隨著各職種的供需平衡出現很大的變化。此外，哪個步驟存在問題，採取的應對策略也會因此而有所不同。

因此思考對策時，必須將各職種分開來看。

想增加應徵數,與想增加錄取率,必須採取不同的對策。

舉例來說,想增加應徵數,必須開拓擅長自家公司職種的獵人頭公司。而這就成為關鍵流程 CSF;至於需要開拓的獵人頭公司數,則可透過想要增加人力的職種雇用數,與請每家獵人頭公司介紹的應徵數算出。

假設想要增加的雇用數為 10 人,錄取率為 50%,就需要有 **10÷50％＝20 人應徵**。若請每家獵人頭公司介紹 4 個人,就需要「開拓 5 家新的獵人頭公司」,這就成為**這個職種的雇用 KPI**。這裡雖然以獵人頭公司為例說明,媒體應徵時的思考模式也相同。

在徵才活動中提高應徵數的 KPI

徵才活動的公式

雇用數＝應徵數×錄取率

面試分成多個階段進行的情況

雇用數＝
應徵數×第一階段面試通過率×第二階段面試通過率×最終面試錄取率

⇩ 增加應徵數

開拓擅長介紹自己公司所需職種的　⇒這就是 **CSF**
獵人頭公司

如果想要增加的雇用數為 10 人,通過率為 50%

10人÷50％＝需要20人應徵　　⇒這就是 **KPI**

⇒假設請一家獵人頭公司介紹 4 個人,就需要開拓 5 家新的介紹公司

提高雇用率

雇用率可以分解為以下 2 個項目：
① 自己公司錄取應徵者的比例
② 應徵者接受錄取的比例

透過公式表現如下：
雇用率＝自己公司的錄取率 × 應徵者的接受率

就算是想要提高雇用率，所採取的對策，也會隨著想要提高的是「自己公司錄取應徵者」的比例，還是「應徵者接受錄取」的比例而不同。

提高雇用率的對策

▍提高雇用率的公式
雇用率＝自己公司的錄取率 ↑ × 應徵者的接受率 ↑

▍如何提高自己公司的錄取率
①應徵者的資質：增加與自己公司匹配的人才
②降低錄取標準

▍提高應徵者的接受率
針對以下應徵者不接受的理由採取對策
　①選擇其他公司
　②放棄轉職，選擇留在原本的公司

提高自己公司的錄取率

如果想要提高自己公司的錄取率，可以想到的方法有：提高應徵者的資質、增加與自己公司匹配的人才，以及降低錄取標準。

要增加與自己公司匹配的人才，強化與獵人頭公司之間的關係，或是改善媒體等告知內容就很重要。無論錄取與否，都要將結果確實回饋給獵人頭公司，藉此持續修正也是非常關鍵的策略。

至於降低錄取標準，就必須放寬某項條件。舉例來說，若下修技能條件，錄取之後的人才培育就不可或缺。若不配套評估，就只是將問題發生的時間往後延。

提高應徵者的接受率

接著，思考提高應徵者接受率的情況。

應徵者不接受的理由大致分成 2 種。

① 選擇其他公司
② 放棄轉職，選擇留在原本的公司

在掌握理由的同時，思考對策也相當重要。若在徵才方面輸給特定企業，就必須思考個別對策。這點與銷售活動是一樣的。

徵才活動最重要的 CSF 是什麼？

徵才活動最重要的關鍵流程 CSF 是什麼？

當然就是「速度」以及「應徵考核的速度」。

某人氣企業進行了一關又一關的考核，耗費了不少時間，可說是與徵才活動最重要的 CSF 完全相反。

將徵才活動比喻為「婚姻」，或許更容易理解。

如果我們很受歡迎，那麼讓對方一直等下去也無所謂。但狀況卻不是這樣。對方其實更受歡迎，接受考驗的其實是我們。

既然如此，我們若想在競爭中勝出並與對方步入婚姻，就必須在強大競爭者出現之前，或是即使競爭者出現但對方仍猶豫不決時趕緊求婚，才能看見希望。

徵才活動也是同樣的道理。

如果我們想要勝過人氣公司錄取優秀人才，就必須及早發出錄取通知。當然，即使發出通知，對方也可能不接受。

但如果人氣公司比我們早通知錄取，對方進入我們公司的可能性就是 0 了。「0」與「仍存在可能性」截然不同。為此，**加快「應徵考核速度」就變得不可或缺。**

應徵考核的時間都浪費在哪裡？

說到這裡，就會有人表示：「應徵活動不能倉促進行。」話

說的沒錯,但「加速」並不是「倉促」。

將徵才活動拆解後,各位覺得最花時間的部分在哪裡呢?

其實是設定面試的日程。

敲定應徵者與面試官的日期很耗時間。只要花心思將日程設定的時間縮短,就能加快應徵考核的速度。

舉例來說,請思考進行第一階段面試後,再設定之後的面試日期。假設先將第二階段面試官可進行面試的日期,告知第一階段的面試官,並且賦予第一階段的面試官權限,可當場宣布通過者、設定第二階段面試。光是這麼做,就能將考核的時間縮短到1週左右。

如果將同樣的權限擴大到獵人頭公司,就能將考核的期間再縮短 1 至 2 周。此外,減少面試次數、企業方一次面試多人,也能縮短考核的時間。

安排面試的時間並不能帶來價值。

光是減少這個部分的浪費,就能提升錄取率。

話說回來,很多經營者都沒有掌握自家公司應徵考核的時間也是事實。我想從掌握這個部分開始,也是不錯的。

應徵活動最重要的 **CSF**

＝

縮短應徵考核的時間

⬇

減少因設定面試而浪費的時間！

> 首先請掌握「從應徵到錄取」
> 需要多少時間

案例 7

外部公關活動，須設定目的明確的 KPI

　　要對外宣傳自家公司的公關部門，並不容易設定 KPI，在某些情況下或許也不需要。

　　常見的做法是：轉換公司下廣告的媒體價值，並將總金額與使用在公關的金額進行比較。其目的是比較投資報酬率，將外部公關的價值「可視化」。

　　我想這也是一種思考方式。

外部公關的 KPI 設定範例

　　某公司的外部公關曾將自己的立場設定為**「本公司進行外部公關，是為了支援徵才活動」**，並決定致力於增加應徵者，幫助應徵者錄取。

　　其具體做法是：透過提高應徵目標群體對企業的認知度與轉

職意願。

既然目標鎖定地如此明確，或許就可以設定 KPI。

首先必須了解目前的企業認知度和轉職意願，同時也掌握自己公司的企業形象與影響轉職意願的要素。除此之外，也必須釐清在提到自己公司時希望應徵的目標群體所聯想到的形象，以及這個形象與現實之間的落差。

接著建立定期掌握這些數據的機制與流程。

如果可以，也請取得競爭對手的應徵數據，並參考希望應徵目標群體所聯想到的形象、與現實之間的落差，以及競爭對手的數據等，來設定 KPI。

舉例來說，可以將企業認知度設定為 70%，轉職意願度設定為 20%。認知度和意願是不容易改變的數值，因此要以長期改善為目標。在這種情況下，企業認知度 70% 和轉職意願 20% 就成了 KPI。

同時，將上述落差視為課題，開始思考解決的方法。譬如必須在應徵目標群體經常閱讀的媒體上進行宣傳。以前述的徵才活動為例，要根據職種設定 KPI，因此掌握不同職種的媒體就是有效的方法。接著根據應徵目標群體與媒體的適配度，思考什麼樣的內容具有效果。

若以徵才活動為目的，我認為即便對外宣傳時要充滿多樣性，但同時抱有一致性也是非常重要的。這句話說得有點複雜，但簡單說來就是希望傳達出這樣的訊息：「這家公司裡有各式各

樣的人,也有和我類似的人。」

就這點來看,「對外宣傳時登場的人物多樣性」就成了關鍵流程 CSF,「具體人數」則成了 KPI。設計起來固然簡單,執行起來卻相當困難。因為由固定一人進行多次宣傳,其實是更容易的做法。

但是這麼做,就無法保證「公司裡存在著各式各樣的人」。至於請不同的人在媒體上登場,不僅需要了解公司內部有哪些人,也必須建立公司內外的人際關係,難度相當高。

而且也不難想像,在外部宣傳中登場,就可能吸引獵人頭公司,提高他們跳槽的可能性。因此這樣的方法很難執行。但也因為如此,其他公司不容易模仿,如果執行成功,絕對擁有高度的競爭優勢。

這次介紹的是外部公關協助徵才活動的例子,但無論是協助促銷活動還是提升品牌形象,基本概念都一樣。

重點是目的明確、目標群體明確,並依此取得媒體與內容的整合性。

將協助徵才活動視為公關目的

外部公關目的＝協助徵才活動

↓

- 應徵目標群體的**企業認知度**
- 應徵目標群體的**轉職意願**

提高這兩者

↓

掌握以下 3 點
① 目前的企業認知度與轉職意願
② 自家公司的企業形象與影響轉職意願的要素
③ 希望在提到自己公司時，應徵目標群體所聯想的形象與現實之間的落差

↓

配合應徵目標群體，評估廣告與媒體

案例 8

員工滿意度就是後勤部門的 KPI

　　這個案例是提供員工服務的後勤部門。該部門相當於客服中心，負責處理公司內部電腦、手機、內部網路、內部系統、網際網路等應用與諮詢。

　　該部門每年都會進行 1 次大規模的員工滿意度調查。除了綜合滿意度，也會持續追蹤各項目的滿意度及其原因。並從項目、部門、到職時期、層級、雇用形態等各個角度切入分析。

　　這樣的調查是為了對客服中心內的資源進行最佳配置。

　　這種類型的客服中心，大多都被定位為「花費中心」（只花費成本，不產生收益的部門）。

　　既然是花費中心，就必須盡可能減少花費，因此需要人員與成本的最佳配置。

　　而員工滿意度調查的結果，就被定位為 KPI 管理工具。

將員工滿意度設定為 KPI 的方法

具體來說，可以設定綜合滿意度與各項目滿意度的參考值，若低於某個數值就必須分析原因，並根據需求採取對策。

採取對策，必須投入人力與成本。

至於資源，則從滿意度高於一定水準的項目轉移過來。

換言之，就是設定滿意度參考值的上限與下限。如果滿意度超過上限則減少資源，低於下限則考慮增加資源。

滿意度超過上限，固然可以立刻減少投入的資源，但低於下限就不能立刻增加資源，而是必須先鎖定原因進行檢討。

例如在某個案例中，員工對使用手機的滿意度下滑了。

而滿意度下滑的現象在特定組織中尤其明顯。經過分析後，發現最主要的原因就是為了降低成本，該組織選擇了廉價的手機。

最合理的解決方案是停止使用廉價手機。

如果不這麼做，即使提供支援，效果也非常有限，而且還需要投入經費與時間。

因此在這樣的案例中，就能判斷目前「不需要實行提高滿意度的措施」。

至於另一個案例，則是員工對網路的滿意度很低。

這樣的狀況不只發生在特定部門，而是特定大樓的滿意度都顯著下滑。

經過進一步的調查後,發現這時公司剛好將內部網路從有線改為無線。因此可以推測,員工滿意度下滑的原因是無線設備還不夠完善。

實際上,無線設備的設置與不滿的狀況是相關的。像這樣的案例,只要向員工解釋狀況即可,不需要採取實際措施。

由此可知,後勤部門在運作時也可將員工滿意度視為 KPI,進一步加以管理。

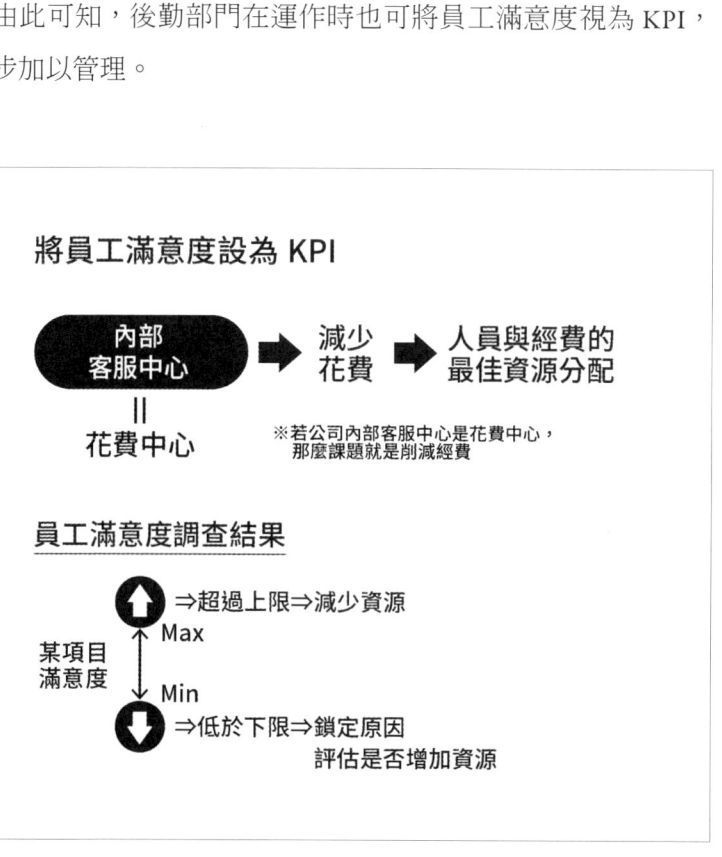

將員工滿意度設為 KPI

內部客服中心 ＝ 花費中心 → 減少花費 → 人員與經費的最佳資源分配

※若公司內部客服中心是花費中心,那麼課題就是削減經費

員工滿意度調查結果

某項目滿意度
- ↑ Max ⇒ 超過上限 ⇒ 減少資源
- ↓ Min ⇒ 低於下限 ⇒ 鎖定原因　評估是否增加資源

案例 9

給予適度的彈性與自由提升成功率

這是媒合業務的案例。

媒合業務是為「想要收集資訊的個人使用者」,與「想要提供資訊的法人使用者」牽線的業務。

其主要工作分成 3 個部分,分別是:

招攬個人使用者的「集客」、收集企業使用者資訊的「業務」和「廣告」,以及媒合兩者的「媒體」。

如果建立 3 個功能不同的組織,往往會在組織之間形成壁壘,導致組織孤島化,做出只適合局部的判斷。反之,橫向組織雖然可以做出最適合整體的判斷,決策時間卻拉得比較長。

本案例將介紹如何透過 KPI 管理,在建立分工組織的同時,也能迅速做出最適合整體的判斷。

雖然擴大集客，媒合成功率卻降低

集客負責人的工作是運用各種手法（電視、廣播、報紙、網路、免費刊物、傳單、看板、雜誌等）招攬個人使用者。

通常，他們會被要求「使用有限預算，達成最大限度」。但這麼一來，手段往往會變成目的。

原本是為了媒合，並因此招攬個人使用者。但是若不考慮媒合效果，就容易導致所有行為都是為了「集客」本身。

無法成功媒合的理由很多，提供的資訊內容不符合個人使用者的特質，就是其中之一。而資訊提供量不足，也是原因之一。這些原因將導致無謂或不均衡的媒合。

組織分工往往會發生這種只符合部分的情況。

「集客負責人」拚了命努力達成目標，但由於資訊的數量、品質或時機不理想，而導致媒合失敗，到頭來變成白忙一場。

這對個人使用者來說也是不幸。他們使用服務是想要收集資訊，結果資訊量不足，或者品質不符合需求，將導致他們對服務產生不信任感和不滿，降低今後的使用意願。這相當於媒合企業花了錢卻得到反效果。

那麼，應該如何解決這個問題呢？

導入媒合目標

如同前述，集客負責人一般是被要求在有限的預算下，達成最大限度的集客量。這代表「集客預算」與「集客目標」這2個數字成為重要指標。

但公司的目的卻是讓媒合成功率最大化。

因此也必須讓「媒合率目標」成為集客負責人的 KPI。至於「集客目標」與「集客預算」則降為參考數值。換句話說，就是將集客負責人的工作定位為：盡可能根據「媒合率目標」即時調整集客數量。

若企業提供的資訊量增加，集客數量就會成長。反之，若資訊量減少，則減少集客數量。因此，要讓集客負責人能夠像這樣有彈性地進行。

如此一來，他們就需要企業所提供的資訊量預測，並根據預測資訊調整活動的力道。

這時給予他們**「集客單價基準」**效果會更好。如果集客負責人每次採取任何措施，都需要召開決策會議並進行說明，決策速度就會變慢。

為了賦予他們這樣的彈性，必須在「集客單價基準」的範圍內，給予他們彈性進行活動的自由度。

媒合事業的集客負責人,將媒合目標定為KPI

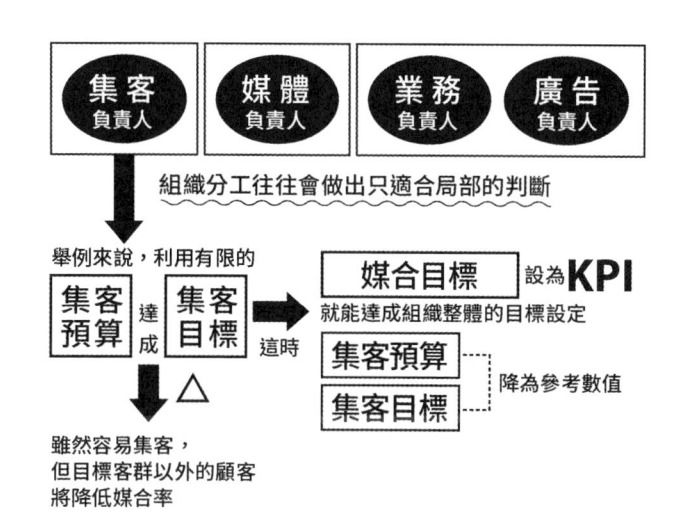

集客負責人 **媒體負責人** **業務負責人** **廣告負責人**

組織分工往往會做出只適合局部的判斷

舉例來說,利用有限的 集客預算 達成 集客目標 這時 → 媒合目標 設為 **KPI** 就能達成組織整體的目標設定

集客預算
集客目標 }── 降為參考數值

↓ △

雖然容易集客,
但目標客群以外的顧客
將降低媒合率

案例 10

利用 KPI，提升工作能力！

身為一介個人，該如何提升工作能力呢？

也可以用 KPI 管理來解決這個問題。

這是 2000 年，我擔任瑞可利工作研究所調查團隊經理時，所發生的事情。

當時我們對東名阪地區的 1 萬 3,000 名職場人士進行調查。

調查中有這樣的問題：「過去 1 個月內，曾收集過工作相關資訊嗎？」回答「是」的人約 17%。換句話說，只有約 1／6 的人在過去 1 個月內進行資訊收集。

再進一步分析這 17% 的人，發現他們在相同年齡、學歷、企業規模等條件下，擁有較高的收入。定期為自己輸入資訊的人（或許在工作上更能夠做出成果，因此）收入較高。我想這點合情合理，容易理解。

我得知這點後養成了閱讀的習慣，目標是每周閱讀 2 本書，每年閱讀 100 本。其中約 1／3 是與工作直接相關的書籍，另外

約 1／3 左右，是與工作沒有直接相關但間接有關的書籍。其餘的大約 1／3 則是與工作無關的書籍。

我設定的 KPI 是每周閱讀 2 本書，但這個目標當然會受到身心狀況影響，有時進度飛快，有時也完全沒有進展。就某方面來說，KPI 也可當成是身心健康的指標。

拿「沒時間讀書」當藉口的人，來試試「閱讀的 KPI」吧！

當我提到這個話題時，有些人會說：「我沒時間讀書。」對於這樣的人，我有一些建議在此公開。

首先，我想問問那些沒有時間的人：

「你知道讀書需要多少時間嗎？」

為了回答這個問題，必須先掌握自己的閱讀速度。平均來說，我大約每分鐘可以閱讀 1 頁。當然每頁的字數不一樣，有些書的版面是 2 欄小字，有些書則有大量的插圖與圖解。

此外，如同前述，身心狀態也會大幅影響閱讀速度。而我是否事先掌握這本書的主題，也會使閱讀速度出現差異。

因此，閱讀速度的快慢相當分散，**每頁 1 分鐘只是平均值**。但知道這個數字之後，就能掌握閱讀所需的時間。

1 本書的平均頁數是 200 至 300 頁。而我的閱讀速度是平均每頁 1 分鐘，因此讀完 1 本書大約需要 200 分鐘至 300 分鐘，**平**

均 250 分鐘。

我的目標是每周平均閱讀 2 本書，因此大致估算需要 500 分鐘。換句話說，**如果想在平日 5 天內讀完，每天需要讀 100 分鐘**。

不知是幸還是不幸，我的通勤時間單程就需要 60 分鐘，相當於來回 120 分鐘。如果能夠將通勤時間拿來閱讀，計算起來就會超過 100 分鐘。

當然也有無法閱讀的時候，那就會在周末補上。

畢竟我的目標是每年讀 100 本書。

如果依照每周平均讀 2 本的速度，只要 50 周就可以達成目標。實際上，1 年有 52 周，所以我還有 2 周的緩衝時間。此外，當我沒什麼興致的時候，我會故意購買大量薄書，透過增加數量來振奮心情。

最近電子書變得普及了，在電車內讀書也變得更方便。通勤時間較短的人，或許也可以減少目標閱讀數量。1 天 24 小時是每個人平等的。通勤時間短的人，只是把時間用在其他地方。

就當成是被騙一次，請試著開始讀書吧！

「習慣的力量」是存在的。不久之後，讀書就會和刷牙一樣成為習慣。就像不刷牙會覺得不舒服，不讀書也同樣會感到不自在。一旦養成這種習慣，你就成功了。

未來將逐漸成為「人生百年」的時代。只依靠過去的知識與經驗，將變得難以生存吧？為了應付變化，培養韌性，最好定期

為自己輸入資訊。

當然,也可以藉由書籍以外的資訊來源來輸入,但讀書是效率非常高的方法。

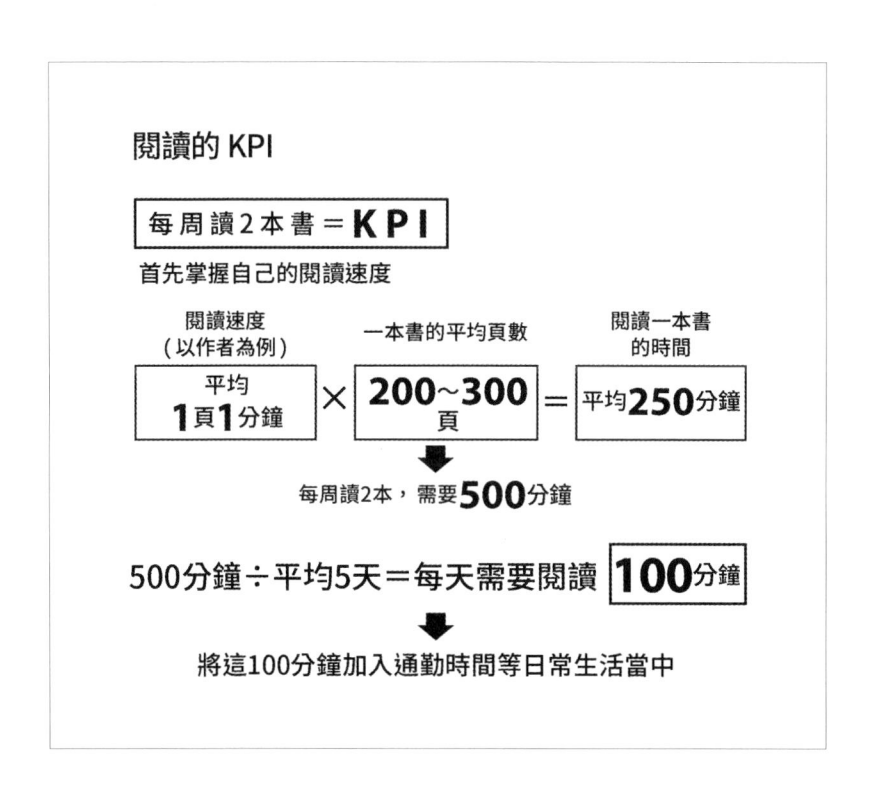

閱讀的 KPI

每周讀 2 本書 = KPI

首先掌握自己的閱讀速度

閱讀速度(以作者為例)	一本書的平均頁數	閱讀一本書的時間
平均 **1頁1分鐘**	× **200~300** 頁	= 平均 **250** 分鐘

每周讀2本,需要 **500** 分鐘

500分鐘 ÷ 平均5天 = 每天需要閱讀 **100** 分鐘

將這100分鐘加入通勤時間等日常生活當中

案例 11

利用 KPI，
在「人生百年」時代健康生活！

根據倫敦商學院教授林達‧葛瑞騰（Lynda Gratton）的《100 歲的人生戰略》（*The 100-Year Life: Living and Working in an Age of Longevity*）一書，未來將進入「人生百年」時代，而大家都希望盡可能健康地度過這段人生。

我曾訪問過團隊醫療論壇的主持人秋山和宏，他同時也是一名醫師。雖然有點長，以下仍將引用他所說的內容。

「隨著醫療的發達，人們的平均壽命大幅延長。

當然，飲食生活穩定等也是重要因素，而日本人的平均壽命無論男女，與戰後相比都延長了 30 歲以上。

另一方面，儘管人們的壽命延長，臥床不起等生活無法自理的時間正在增加，這也是事實。

世界衛生組織（World Health Organization, WHO）在 2000 年提

出『**健康壽命**』的概念，其計算方式是：平均壽命減去無法生活自理的期間。

健康壽命與平均壽命的差距，在日本大約是 10 年，這代表需要醫療或照護的期間大約長達 10 年，而這個『**人生最後 10 年的問題**』就成了要緊的課題。

也有研究結果發現，觀察男性人生的最後 10 年，活得精神飽滿卻在最後突然駕鶴西歸的人約 10%、逐漸老化的人約 70%，最後臥病在床的人則約 20%。

在人生最後 10 年的問題中，先是逐漸無法行走，接著因為吞嚥障礙而無法進食，最後出現認知障礙，導致生活無法自理。

而防止這些問題的有效方法，就是維持肌肉量。

因老化或疾病，導致肌肉量減少的狀態稱為「肌少症」（Sarcopenia，Sarco：肌肉，Penia：減少）。只要維持肌肉量，能夠健康步行的期間就會延長。除此之外，舌頭與上下顎等肌肉也會影響吞嚥功能。

據說，β- 類澱粉蛋白的累積是造成阿茲海默症的原因之一，運動則可以看到改善的效果。

再者，現在也發現人類若感染或受傷，身體會燃燒肌肉，而非靠點滴的能量與之對抗。手術對身體而言也屬於一種外傷，因此若肌肉量不足，即使手術成功，體力也無法負荷，將提高風險。因此，最近也有越來越多術前診斷將體力列入評估。」

靠走路維持肌肉量

維持肌肉量，對於在「人生百年」時代能夠活得健康長壽是至關重要的。

而維持肌肉量的方法之一，就是盡量多走路。

也就是說，走路是關鍵流程 CSF，而步數等則是 KPI。

閱讀關於走路的文章，可以看到各式各樣的意見，例如多走路是好的，或者走太多並不好。

我想每個人的效果差異可能很大。

我自己的目標是每天走 1 萬 5,000 步。

換算起來，我每 10 分鐘可以走 1,000 步，所以相當於一天要走 150 分鐘。

我現在以早上或是下班回家途中散步的方式來達成這個步數目標。

在人生百年時代健康生活的 KPI

實現健康長壽需要的條件 ＝ **肌肉量**

⬇

維持肌肉量的方法之一 ＝ **走路**

走路
‖
CSF

步數
‖
KPI

CHAPTER **5.**

試著
設定 KPI 吧！

01 複習 KPI 的步驟

我們已經看過一些案例,接下來就試著參考這些案例,設定自己的 KPI 吧!以下先複習一下設定 KPI 的步驟:

步驟 ①	確認 KGI	(例)KGI 是利益〇〇日圓
步驟 ②	確認落差	「現狀」與「KGI」之間的落差
步驟 ③	確認流程	模式化
步驟 ④	鎖定範圍	設定 CSF(關鍵流程)
步驟 ⑤	設定目標	KPI 的目標設定為〇〇
步驟 ⑥	確認執行性	是否存在整合性、穩定性、單純性
步驟 ⑦	事先檢討對策	事先檢討 KPI 惡化時的對策與有效性
步驟 ⑧	共識	在相關人士之間取得共識
步驟 ⑨	執行	
步驟 ⑩	持續改善	

KPI 管理的正確步驟

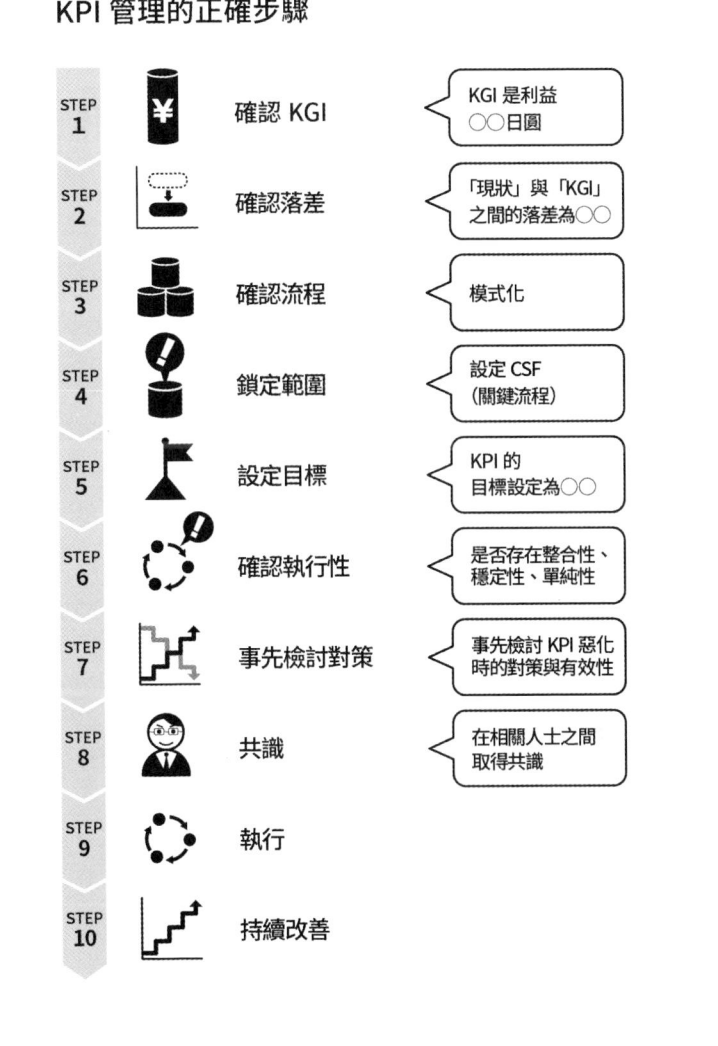

STEP 1	¥	確認 KGI	KGI 是利益 ○○日圓
STEP 2		確認落差	「現狀」與「KGI」之間的落差為○○
STEP 3		確認流程	模式化
STEP 4		鎖定範圍	設定 CSF（關鍵流程）
STEP 5		設定目標	KPI 的目標設定為○○
STEP 6		確認執行性	是否存在整合性、穩定性、單純性
STEP 7		事先檢討對策	事先檢討 KPI 惡化時的對策與有效性
STEP 8		共識	在相關人士之間取得共識
STEP 9		執行	
STEP 10		持續改善	

CHAPTER 5. 試著設定 KPI 吧！

02
開始 KPI 管理前的準備

首先是事前準備。

第一步是填寫製作日期與製作者。

接著給予工作表「KPI 設計書」的標題,並在設計書中載明「對象」、「目的」與「期間」。

在此將針對以下 3 個具體案例進行說明。

案例 A:公司層級的 KPI ＝業績目標
案例 B:商品層級的 KPI ＝事業計畫
案例 C:個人層級的 KPI ＝減重

請配合各自的 KPI 設計進行調整。

舉例來說,A～C 的「對象」、「目的」和「期間」分別設定如下。

案例 A　對象：森林商事
　　　　目的：達成業績目標
　　　　期間：2018下半年度（2018年10月～2019年3月）

案例 B　對象：商品 B
　　　　目的：達成事業計畫
　　　　期間：2018年度（2018年4月～2019年3月）

案例 C　對象：自己
　　　　目的：減重
　　　　期間：1年（2018年6月～2019年5月）

明確訂出目的與期間，相關人士就能釐清討論的範圍。各位或許會覺得：「這不是理所當然嗎？」但確實發生過這樣的狀況：明明大家對目的與期間沒有共識卻沒有發現，仍持續討論。因此請事先預防這樣的狀況。

職責分配必須明確

接著載明相關人員。寫下最終決策者、核准者與執行單位。

案例 A　最終決策者：○○社長

　　　　　核准者：董事會參與者

　　　　　執行單位：經營企畫課員工 A、B

案例 B 最終決策者：○○部長

　　　　　核准者：商品企畫會議參與者

　　　　　執行單位：企畫課員工 C、D

案例 C 最終決策者：自己

　　　　　核准者：妻子

　　　　　執行單位：妻子和健身教練

這樣做，是爲了釐清以下幾個問題：由誰進行最終決策？討論過程中由誰負責核准？揮汗實作的執行單位又是誰？

　　換句話說，這就是「職責分配」。

　　日本企業往往會模糊職責分配，導致一堆做白工的情況，最終增加了工作量。我們應該提前避免這種情況發生。

　　做好這些事前準備，接下來的步驟就會更容易進行。

KPI 管理的事前準備

KPI 設計書

對象 _____   核准者 _____

目的 _____   執行單位 _____

期間 _____   製作日期 _____

最終決策者 _____   製作者 _____

03
確認 KGI

　　我們已經在事前準備中寫下了「對象」、「目的」和「期間」。現在一起來確認一下。

　　這裡填寫的 KGI，是這次探討的「對象」，在這段「期間」內達成這項「目的」時的數值目標。

　　案例 A　對象：森林商事　　目的：達成業績目標
　　　　　　期間：2018 下半年度（2018 年 10 月～ 2019 年 3 月）

　　案例 B　對象：商品 B　　目的：達成事業計畫
　　　　　　期間：2018 年度（2018 年 4 月～ 2019 年 3 月）

　　案例 C　對象：自己　　目的：減重
　　　　　　期間：1 年（2018 年 6 月～ 2019 年 5 月）

案例 A 與**案例 B** 應該有事業計畫文件，文件可能有很多份，例如中長期的計畫和短期（＝當期）的計畫。請將兩者都記錄下來，或者請最終決策者確認。例如：

案例A　KGI：營業利益 10 億日圓（3 年事業計畫書）
　　　　　：營業利益 11 億日圓（當期事業計畫書）
案例B　KGI：營業額 3,000 萬日圓

至於像**案例C**這種個人減重的情況，雖然可能因為健康檢查等而有明確的具體數值，但由於是私人的事情，必須自己建立目標。請參考標準體重和期間等資訊設定數值。
例如：

案例C　KGI：體重 66 公斤（減少 4 公斤　70 公斤→66 公斤）

04 確認落差

確認落差，是比較「KGI 數值」與維持現狀到這個期間結束的「模擬數值」，並將其「可視化」。

案例 A　KGI：營業利益 10 億日圓（3 年事業計畫書）
　　　　　：營業利益 11 億日圓（當期事業計畫書）
案例 B　KGI：營業額 3,000 萬日圓

2 種模擬方法

如果對案例 A 和 B 進行模擬，可想到的方法大致分為 2 種。

首先是參考上期同時段的數值，並加進特殊因素進行考量。當期模擬可表現為「**上期數值 ± 特殊因素**」。上期同時段的數值已經存在，因此很容易就能取得。

特殊因素包含景氣與市場動向的數值變化，或一併考量顧客

與競爭企業的變化等,評估對公司事業的影響是正面或負面。

檢查特殊因素對過去數值的影響,就能估算其權重。換句話說,可以表現為「**上期數值＝上上時期數值 ± 特殊因素**」。相關數值已經存在,因此更容易確認特殊因素的影響。

第二種模擬方法則是**根據當期現場數值等預測進行評估**。因此當期的模擬數值可表現為「**確定數值＋考量準確率的預測數值**」。

為了釐清與 KGI 之間的落差,進行的數值模擬

模擬方法①

本期模擬 ＝ 上期數值 ± 特殊因素

◎ 景氣與市場動向的數值變化
◎ 顧客與競爭企業的變化
⇒ 考量這些因素的影響是正面或負面?

上期數值＝上上時期數值±特殊因素

模擬方法②

當期模擬＝確定數值＋考量準確率的預測數值

透過模擬數值，讓落差更明確

利用參考上期數值、參考當期現場預測這 2 種方法，來模擬當期的數值。**當期的 KGI －模擬數值＝落差**，如此一來就能將落差明確化。

案例 A　落差為 1 億日圓
　　　　對 KGI：營業利益 10 億日圓（3 年事業計畫書）
　　　　落差為 2 億日圓
　　　　對 KGI：營業利益 11 億日圓（當期事業計畫書）

案例 B　落差為 500 萬日圓
　　　　對 KGI：營業額 3,000 萬日圓

案例 C 的體重模擬也一樣。假設觀察過去數值的變化，就能由此進行模擬。如果沒有過去數值，也可以將目前體重與 KGI 的差距視為落差。如果想要減輕體重，KGI 的數值會比較小，因此落差可透過「**模擬數值－ KPI**」計算出來。

案例 C　落差為 4 公斤　70 公斤→ 66 公斤

附帶一提，如果這個落差是負數，也就是模擬數值優於 KGI

的情況，又該如何思考？

這是非常理想的狀態，只須持續目前的策略即可。這種情況不設定 KPI 也無所謂。

但這種情況是很少見的。多數情況中，只看模擬結果都會發現缺失。這些缺失（落差）該如何彌補？我們將從下一節開始探討。

05 確認流程

下一個步驟是確認流程。我將其稱為**模式化**。在步驟②確認的落差該如何彌補，就是這個步驟的課題。

落差確認如下：

案例 A　落差為 1 億日圓
　　　　對 KGI：營業利益 10 億日圓（3 年事業計畫書）
　　　　落差為 2 億日圓
　　　　對 KGI：營業利益 11 億日圓（本期事業計畫書）

案例 B　落差為 500 萬日圓
　　　　對 KGI：營業額 3,000 萬日圓

決定該「做什麼」來彌補落差

舉例來說，彌補落差的方法有——

◎ 業務努力銷售

這時可以想到的方法有——

◎ 銷售高價商品，以增加營業額
◎ 提高購買頻率，以增加營業額
◎ 販賣高利潤的商品，以增加利益
◎ 改善折扣率，以增加利益
◎ 提高業務流程的 CVR（轉換率），以增加營業額

或者是——

◎ 進行大量促銷活動，以招攬顧客
◎ 削減經費，以降低成本
◎ 開發易於銷售的商品，同時增加營業額與削減銷售經費

除此之外，還有無數方法。而且我認為以上提到的這些方法，也經常結合使用。

總而言之，必須想清楚最後到底要做什麼。而在評估的時候，考慮現場是否能夠實際執行，也是相當重要的。如果不考慮這點，就會變成無法實現的空中樓閣。

負責人在設定 KPI 時，有時會發生不考慮操作性就批評現場的狀況。但問題往往出在「不了解現場執行的狀況，只懂得紙上談兵」的負責人身上。

確認流程

彌補落差的方法＝確認流程（模式化）

（例）
◎銷售高價商品，增加營業額
◎提高購買頻率，增加營業額
◎改善折扣率，增加利益
◎削減經費、降低成本　等等

⬇

方法（流程）無數種
想清楚「要做什麼」

※評估時，考慮現場是否能夠實際執行，是相當重要的

注意 3 種成本

擴大利益的理想順序是：先降低成本再提高營業額。而成本大致分為以下 3 大類。

① 浪費（冗費）
② 與營收無關的成本
③ 與營收有關的成本

① 浪費（冗費）必須減少。
以我曾經參與過的企業為例，僅僅透過重新審視印刷品、業務委託費、會議費和交際接待費，就能使成本大幅降低。

即使像是「基礎架構式服務」（Infrastructure as a Service, IaaS），這種依照使用的基礎設施計價，號稱很便宜的雲端服務，如果只是持有但未使用，也是典型的①浪費（冗費）。

又或者，只要將每月的成本「可視化」，就能夠削減經費。據說最近採用流行的全體共治制度（Holacracy）的公司，會將所有成本公開，讓全體員工都能檢視。**這麼做是將成本「可視化」，而不是由某人單獨管理，就能成功減少「①浪費（冗費）」及「②與營收無關的成本」。**

我在報紙上讀到，即便是以削減經費聞名的日本製造商，也在外資企業注入資本、CEO 開始檢查花費後，成功地大幅減少費用。

因為仍存在許多浪費（冗費）以及與銷售無關的成本，只要透過重新檢視，就能成功縮小落差。

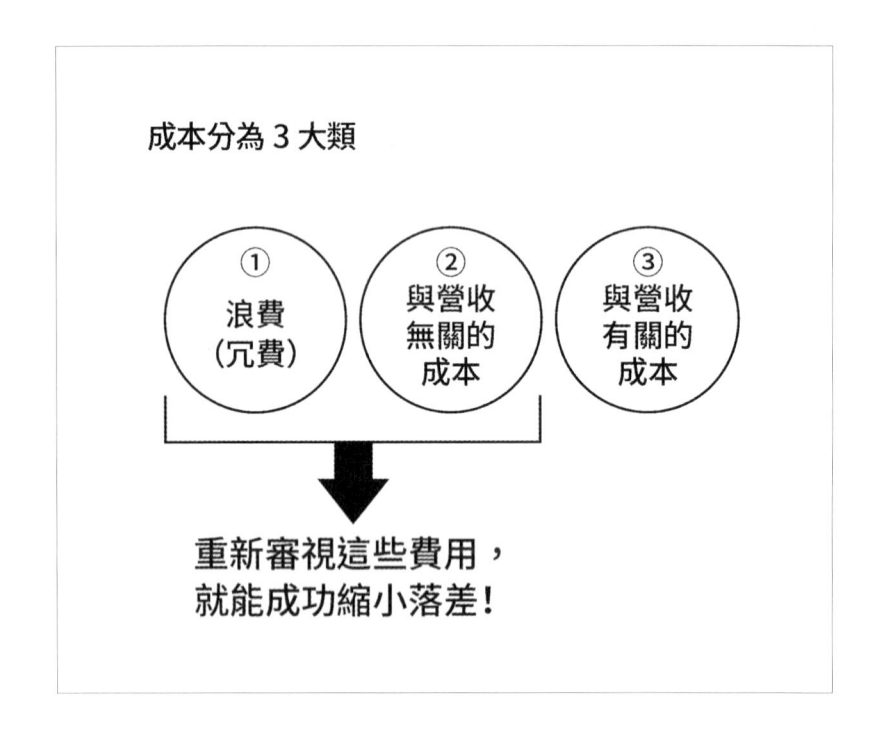

```
成本分為 3 大類

    ①              ②              ③
   浪費          與營收          與營收
  （冗費）        無關的          有關的
                  成本            成本

重新審視這些費用，
就能成功縮小落差！
```

接下來是擴大營業額。

首先必須改善折扣狀況，並重新審視不公平的合約等。如果能夠進行作業基礎管理（Activity Based Management, ABM）等，就能連結起所有成本與商品、企業。

我過去曾在導入 ABM 的組織中，發現一項驚人的事實——

大客戶竟然是虧損的。大客戶的折扣幅度大，要求也高，因此許多員工都把時間花在這個大客戶上，最後導致虧損的結果。

然而，與這個客戶有關的員工，甚至還成為了表揚的對象。明明虧損卻獲得表揚，還支付獎金。

我不是要否定「為了將來的獲利而放棄短期利益」的顧客終身價值（Long Term Value, LTV）觀點。但是，實際上並非如此的案例很多，也是不爭的事實。

僅僅只是放棄營業額至上主義，就能夠增加利益。

探討增加營業額的對策

完成上述準備工作，終於可以探討該如何增加營業額了。

舉例來說，假設實施上述策略後，減少了 3,000 萬日圓的成本，並藉由改善不利交易，增加了 2,000 萬日圓的營業額，那麼就變成——

案例 A 落差：5,000 萬日元（1 億日圓－減少成本 3,000 萬日圓－改善不利交易 2,000 萬日圓）

探討增加營業額策略時，將營業額以公式表現是很重要的。

營業額＝數量 ×CVR× 單價 ×（手續費率）

舉例來說──

營業額＝業務量 × 簽約率 × 平均單價 × 手續費率
營業額＝顧客數 × 付費率 × 平均付費額
營業額＝顧客數 × 來店頻率 × 平均購買額

由於平均單價等於「定價－折扣額」，考慮這點後就變成：

營業額＝業務量 × 簽約率 × 平均單價（定價－折扣額）×
　　　　手續費率
營業額＝顧客數 × 付費率 × 平均付費額（定價－折扣額）
營業額＝顧客數 × 來店頻率 × 平均購買額（定價－折扣額）

將這些公式乘以利益率，即可算出利益額。

利益額＝營業額 × 利益率

又或者將營業額減去成本即可得出利益額。

利益額＝營業額－成本

根據這些數字，可以明確得知哪些數值該做出多少改變。

探討增加營業額的策略

(A) 落差

5,000萬日圓
=
1億日圓－減少成本**3,000**萬日圓－改善不利交易**2,000**萬日圓

表現營業額的公式

營業額＝數量×**CVR**×單價×手續費率

(其他例子)
營業額＝業務量×簽約率×平均單價(定價－折扣額)×手續費率
營業額＝顧客數×付費率×平均付費額(定價－折扣額)
營業額＝顧客數×來店頻率×平均購買額(定價－折扣額)

↓

將這些公式乘以利益率，即可計算出利益額

利益額＝營業額(數量×**CVR**×單價×手續費率)×利益率

或是將營業額減去成本也可得到利益額

利益額＝營業額－成本

↓

明確顯示出為了彌補
5,000萬日圓的落差
哪些數值該做出多少改變

CHAPTER 5. 試著設定 KPI 吧！　193

彌補落差的思考

舉例來說，我們試著以下列模式為前提思考。

營業額＝業務量 × 簽約率 × 平均單價（定價－折扣額）× 手續費率

案例 A 的落差為 5,000 萬日圓。詳細數字則是「1 億日圓－減少成本 3,000 萬日圓－改善不利交易 2,000 萬日圓」。

「利益＝營業額－成本」，在成本方面已經預期將增加 3,000 萬日圓，並改善不利交易的情況。而這個案例在改善折扣等情況的前提下，落差已經從 1 億日圓減少到 5,000 萬日圓。

其餘的變數則是業務量、簽約率、平均單價、手續費率等，只需透過這些變數再增加 5,000 萬日圓。

舉例來說，假設平均單價為 100 萬日圓，則可以這樣思考：

業務量 × 簽約率 × 平均單價 × 手續費率
＝ 5,000 萬日圓 ÷100 萬日圓＝ 50

這代表：如果只靠改善業務量來實現目標，只需增加 50 單位的業務量即可。

如何思考改善落差的策略

5,000萬日圓 = 1億日圓 − [減少成本 3,000萬日圓 − 改善不利交易 2,000萬日圓]

成本方面已經預期將改善 5,000萬日圓

營業額 = 業務量 × 簽約率 × 平均單價(定價−折扣額) × 手續費率

→ 靠著提升這些數值,改善其餘的 5,000萬日圓 ←

若平均單價為100萬日圓
假設「簽約率」「手續費率」不變,只需增加「50」單位的業務量即可

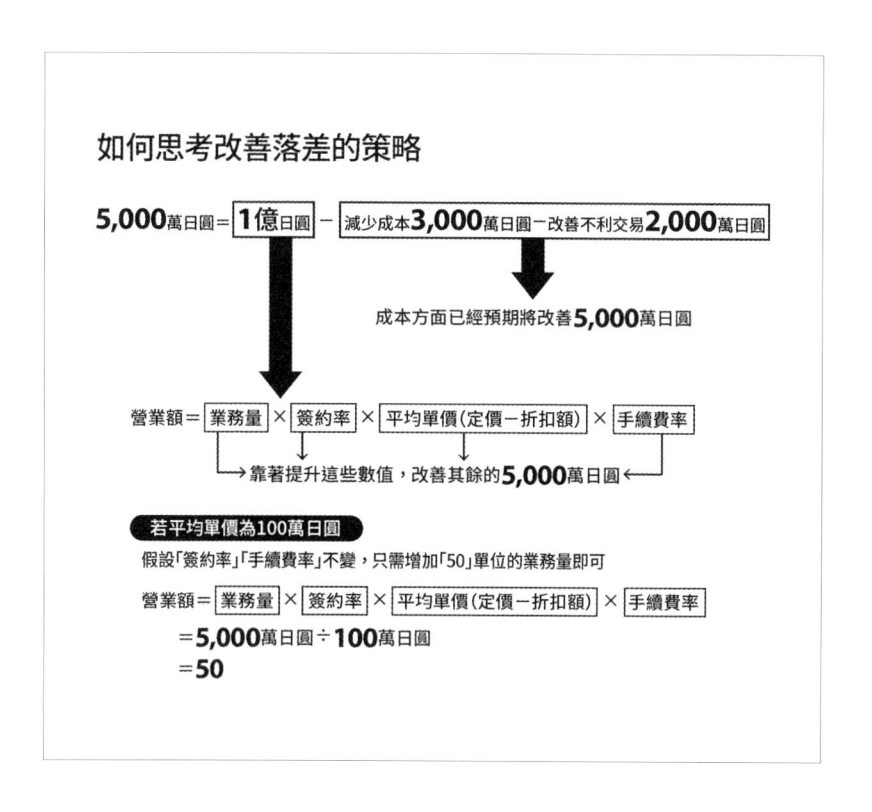

營業額 = 業務量 × 簽約率 × 平均單價(定價−折扣額) × 手續費率
= 5,000萬日圓 ÷ 100萬日圓
= 50

建議從改善內部流程開始

不過根據經驗,我會建議優先考慮改變內部流程,例如提高簽約率等,而非增加業務量。因為增加業務量牽涉到增加業務人員,可預見徵才與培訓成本也將隨之提高。

與其增加業務量,還不如致力於改變內部流程以提高效率。因為如果成功了,即使日後需要增加業務人員,也可以將人數壓

到最低。

而提高簽約率等 CVR，絕對少不了對於現場的觀察。這時，更重要的是能找出挹注資源的重點。例如該將什麼標準化，或是該在什麼樣的情況下進行特別活動？

為了便於理解，在此我們以增加 10 名業務人員為例來思考。假設接下來 2 個月內將招聘 10 名員工，還要在 1 個月內讓他們成為戰力，接下來 3 個月內，每人要增加 500 萬日圓的營業額，來彌補 5,000 萬日圓的落差。

假設在成本當中已經編列了招聘成本與培訓成本。

檢查招募流程後，發現根據過往經驗，招聘 10 名員工需要有 30 人應徵。2 個月內收到 30 份履歷，應該是沒問題的。

但從招聘、面試到錄用，平均需要花上 1 個月的時間，如果不縮短招聘期間，就無法在 2 個月內到職。

再進一步調查招聘期間拉長的原因後，發現問題出在我方的面試安排。因為要在面試結束後，才調整上司的行程。

後來發現，只要在面試結束時立即安排下一次面試，就能縮短面試期間，提高在期限內達成應徵目標的機率。接下來只需執行即可。

減重的情況

這樣的思考步驟也適用於**案例 C** 的減重情況。

案例 C　落差　4 公斤　70 公斤 → 66 公斤

若是想要減輕體重，只要使「攝取的熱量－消耗的熱量」為負數即可。1 公克脂肪為 7 大卡，因此想要減少 1 公斤的體重，只需讓消耗的熱量比攝取的熱量多 7,000 大卡即可。

以減少 4 公斤的體重為例，只需增加「7,000×4 公斤＝28,000 大卡」的熱量消耗。

這樣的說法可能不太直觀。讓我們假設期限為 4 個月，就代表每個月需要消耗 7,000 大卡。相當於每天需要消耗 7,000÷30 天 ≒ 230 大卡。

雖然數字變小了，但還是不知道該怎麼做。

以運動而言，230 大卡相當於快走 1 小時 30 分鐘消耗的熱量；若以食物而言，則是 1 碗飯所含的熱量。這麼一來就有具體概念了。

所以只要每天快走、少吃 1 碗飯，或將兩者結合起來即可。

不過，採取運動的方法需要 1 小時 30 分鐘，要保留這麼長的時間來減重，我想這是相當困難的一件事。當然，也必須透過增加肌肉量，來提高基礎代謝。

但是這就和企業削減成本一樣，提高基礎代謝，也能減少運動量及飲食限制。

06

鎖定範圍（設定 CSF）與 KPI

我想到了這個地步，各位應該會發現視野變得很寬闊。

接下來就是最重要的「鎖定範圍」與「目標設定」。這是找出最重要的關鍵流程 CSF，並將其數值化的步驟。

鎖定 CSF 並決定 KPI

現在已經知道，案例 A 的落差為 5,000 萬日圓（1 億日圓－減少成本 3,000 萬日圓－改善不利交易 2,000 萬日圓），而這 5,000 萬日圓的實現方法，可透過：2 個月內錄用 10 名業務人員，使他們在 1 個月內成為戰力，並在接下來的 3 個月每人創下 500 萬日圓的營業額。

此外，也發現錄用 10 名員工大約需要有 30 名應徵者，但從招聘到錄用的期間很長，難以在 2 個月內到職，原因就出在與上

司的面試安排。

為了在面試結束時即安排下次面試，這階段需要 2 種資訊：分別是①應徵者可接受下次面試的日期、②上司能夠進行下次面試的日期。

在此考慮以下流程。

事先請應徵者在面試通過後，告知下一階段可接受面試的日期，再根據這份資訊暫時預定上司的時間。

換句話說，關鍵流程 CSF 就是「在進行面試前暫定下次的面試日期」。而 30 名應徵者中，只要能對其中約 8 成（也就是 24 人）實施即可。而這個「24 人」就是 KPI。

至於減重的案例 C 也一樣，其目標是減少 4 公斤的體重落差。

方法是每天快走 90 分鐘或少吃一碗飯。

由於在家吃飯的頻率較高，因此決定在家人協助之下，晚餐時少吃 1 碗飯。若是外食，則在周末快走 90 分鐘。為了將運動量儲存起來，4 個月有 16 周，也就是 32 天的休息日，因此就將 KPI 設定為快走 25 次，每次 90 分鐘。

07 確認可執行度

這時需要確認 3 項要點。

分別是整合性、穩定性與單純性。

整合性指的是：事先確認在達成 KPI 時，是否也能達成 KGI；穩定性則是：能否穩定且即時地取得 KPI 數值；單純性則是：KPI 的說明是否單純到足以讓大家理解。

確認整合性、穩定性與單純性

案例 A 的落差為 5,000 萬日圓（1 億日圓－減少成本 3,000 萬日圓－改善不利交易 2,000 萬日圓），方法是透過招聘業務人員來擴大營業額，因此具備整合性與單純性。

一旦錄取新人就能培養業務人員，這點很容易理解。

然而，即使在招聘時有很多人應徵，招聘期間拉得過長卻是令人擔心之處。相信這點應該也是大家都知道的。

對此問題進行分析後，發現面試安排需要時間，於是改變流程，請面試者在通過時，就先告知下次可接受面試的時間，同時也暫時預訂上司的時間。提前安排面試日期，這樣的做法也具備整合性及單純性，流程也簡單。

　　不過，假如有多名面試官，這時會出現的問題則是：該如何讓大家達成合格共識。可以請大家決定共通的暗號，也可以決定做出最終決策的一位面試官。無論如何，都會出現需要採取對策的問題。

　　至於減重案例 C，減輕 4 公斤的體重落差也是一樣。只要在月曆上的周末部分畫上紅圈或做記號，使合計數值「可視化」即可。這不僅單純，也具有整合性，應該可以持續執行。

08 事先檢討對策

當 KPI 的數值惡化，也就是無法達成 KPI 目標時，該怎麼辦？這個步驟就是：事先決定對策。

如果等到數值惡化後才開始考慮對策，通常會因為時間不足而限縮選項。而且還需要投入大量的人才、物品、金錢等經營資源。

但如果有充裕的時間，情況就不一樣了。不僅選項廣泛，投入的經營資源也不需要太多。

檢討對策的具體做法

以案例 A 來說。5,000 萬日圓的落差（1 億日圓－減少成本 3,000 萬日圓－改善不利交易 2,000 萬日圓）為例，假設無法事先取得下次面試的資訊，這裡會分成 2 個情況：無法取得應徵者資訊，或是無法取得內部上司的資訊。如果應徵者相當忙碌，是否

能將面試安排在早晨、深夜或假日,是這裡的判斷重點。

舉例來說,假設在應徵活動開始的 2 周後,仍未達成目標 24 人的 60%(即 14 人),那麼對策就是其餘 10 名面試者的時間也可安排在早晨、深夜或假日。

至於減重案例 C 的 4 公斤體重差距也一樣。

舉例來說,已經決定在 16 周的 32 天周末,選擇 25 天來進行 90 分鐘的快走。這是因為每周約有 1 次外食,因此要彌補外食無法減少熱量攝取的狀況。但若外食頻率高於預期,或是外食時攝取的熱量過高,都會對減重造成不良影響。

這時該怎麼辦呢?

有 2 種方法:除了晚餐,也減少早餐攝取的熱量。或者除了假日,平日也開始快走。由於平日時間有限,可以將快走時間設定為假日的 1/3,也就是 30 分鐘。

因此可以在事先就做好決定,如果第一個月減少的體重不到 1 公斤,就在平日增加 3 天的快走,每次 30 分鐘。

09
取得共識並執行

接下來的步驟是，取得大家的共識並付諸實行。

我們已經在事前準備的步驟中，確定最終決策者、核准者與執行單位。在這個步驟中，需要與他們確認 KPI 管理的內容並達成共識。

需要達成什麼樣的共識呢？

首先是將何者設定為 KPI 指標，以及 KPI 的數值。其次是核准風險對策，也就是事先針對在什麼樣的時間點、數值惡化到何種程度時，該採取什麼樣的對策。請針對以上這些內容取得共識。

請清楚確認最終判斷者就是最終核准者。只要做到這點，就能避免在採取風險對策時延誤時機。

接著在開始實施之前，需要告知所有相關員工，公司即將展開 KPI 管理。可利用公司內部刊物或組織高層談話等進行傳達。當然也必須適當地向員工報告 KPI 的實施狀況。

如同前述，KPI 就是號誌。必須讓多數員工，最好是所有員工得知目前的狀況是否順利。

　　就這方面來看，事前的宣傳與公布 KPI 實施狀況是非常重要的。

10 持續改善

這不僅適用於 KPI，在執行的同時，持續努力改進是非常重要的。因此我要強調：請確實檢討。

同時達成 KPI 與 KGI 是最理想的狀態，但實際上的組合有以下 4 種：

① KPI 達成→ KGI 達成
② KPI 達成→ KGI 未達成
③ KPI 未達成→ KGI 達成
④ KPI 未達成→ KGI 未達成

KPI 與 KGI 同時達成或未達成，是比較容易理解的情況，原本就應該有這樣的相關性。

正確來說，如果兩者都未達成，其實應該在期中就採取對策，以避免出現這樣的狀況。

但如果 KPI 與 KGI 達成、未達成的情況不一致,這情況就不太妙了。因為這代表發生了結構上的錯誤。

　　也就是說,兩者的相關性薄弱,或即使具有相關性,但其水準、數值過高或過低,都有必要進行檢討。

　　透過不斷改進,才能提升 KPI 管理的層次。

11

終極 KPI 管理──
以 KPI 進行決策

　　終極的 KPI 管理，就是所有判斷都以 KPI 為依歸。

　　我過去負責的事業開發案件，是與個人使用者實際面談，也是瑞可利少見的事業。瑞可利的顧問根據個人使用者的需求，介紹他們適合的企業。

　　我將增加介紹數量視為關鍵流程 CSF，並將每月、每季或每半年度的介紹組數設定為 KPI。

　　在此介紹幾個作為當時判斷標準的例子。

①考慮縮短新人顧問的培訓期間

　　如果能夠縮短新人顧問的培訓期，他們就會更快成為戰力。如此一來，就能接待更多的個人使用者。

　　這樣的行為能夠增加介紹量，因此列入考量。當然也必須檢視培訓內容，以免變得粗製濫造。

②考慮縮短接待每組個人使用者的時間

如果能夠縮短接待時間,每天能夠接待的個人使用者組數就會增加。這樣的行為能夠增加介紹量,因而列入考量。當然必須確認是否會因為時間太趕,而導致接待品質下降。

③介紹組數符合預期

KPI 可望達成,因此可控制集客的宣傳量與成本。

④招聘總部員工

與增加 KPI 無關,因此謹慎判斷。

⑤考慮在狹小的店面展店

與增加 KPI 沒有直接關係,因此列入評估。
省下的成本可運用在招攬客戶的活動上。

⑥透過將顧客問卷網路化,事先掌握需求

有機會提高介紹的品質,因此列入評估。

如果多數員工都對 KPI 有興趣,現場能夠進行的決策就會增加,從而打造自動運作的組織。如此一來,就能大幅提高組織的效率。

在瞬息萬變的時代,與其由少部分的總部人員進行決策,還

不如由現場員工做出最適當的判斷。

能讓現場員工判斷的組織，比全由總部負責的公司強大。就這點來看，建議將 KPI 管理推廣到全體員工，並將其作為所有決策的依歸。

如果能將決策權轉移給現場員工，現場自動自發的改善就會成為日常。總部這邊，就能把時間花在下一項計畫。

而各位應該也發現，多數的 PDDS 都高速運轉，因此「不安障礙」就變得毫無意義了。持續一陣子之後，組織中的「檢討」將成為理所當然，並逐漸進化成從檢討中學習。

KPI 專欄 ❸

最強的回顧就是
「即時回顧」

前面提過，我以前負責的組織 1 年只能運行 2 次 PDDS（檢討）循環。剛開始，我先縮短組織整體檢討的期間，最後甚至讓特定店鋪都能運作不同的 PDDS 循環。結果，組織進化成每年能夠運行數百個 PDDS 循環。

不過，世界上還存在更厲害的組織。

這個組織對所有員工執行的業務進行統籌管理，讓全球各地的分公司都能查看與參考員工執行的內容、流程與成果。

換句話說，他們的 PDDS 循環幾乎是即時運作。

世界上存在著如此厲害的公司。

我認為這就是現階段的終極組織。

各位的組織與這個組織相比，處在什麼樣的狀態呢？

| 結語

幸運誕生的書籍，
為你帶來幸運的管理契機

這本書的問世，是許多好運累積起來的結果。老實說，我覺得：「怎麼會有這麼幸運的事情？」

最後，我打算把這件事情寫出來。請各位再給我一點時間。

一切的開端是我在 2017 年 9 月 22 日時，交稿給電子媒體《日經 Style》（日経スタイル）的一篇文章，標題是「資料經營的陷阱——利用 KPI 找出有問題的公司」。

當時，我每 3 周會提供《日經 Style》一次關於「轉職與企業選擇」的文章。為了幫助讀者在考慮跳槽時加以思考，或是更加理解自己現在隸屬的公司，我在文章中撰寫關於「改革工作方式」、「生產性」、「轉職與年薪」、「未來有潛力的公司」、「長時間勞動」、「兼職」、「遠端工作」、「未來所需的人才」、「職務異動」等議題。

9 月 22 日的 KPI 文章就是其中之一。

2個月後的11月24日,我收到一則訊息。這則訊息來自FOREST出版社的寺崎先生,他後來成為這本書的責任編輯。

訊息的內容很簡單,他直截了當地說:「我想要出版關於KPI的書,希望您可以執筆」。

沒錯。

第一個好運,就是寺崎先生注意到我的文章。

我喜歡簡單且直接的交流。希望盡可能避免禮貌性的拜訪或無意義的會議。

寺崎先生很懂我,只安排了2、3次的實體會議,其他事宜都透過電子郵件往來解決。

如果是其他人來接洽,或許就會在這裡出現問題。

多虧這一點,我才能夠在壓力較小的情況下寫作。

第二個好運,是當時的上司柳川先生信任我,立刻就批准了我的寫作計畫。

當然,瑞可利內部有規定寫作的相關事宜。遵守規定是前提,但如果沒有人與人之間的信任,事情就難以進展。

公關部的安永先生也經常透過郵件與我討論。

我相當感恩。

第三個好運,是我受邀寫書後,沒過多久也接到舉辦KPI講

座的邀請。

　　網路廣告公司 Unipos（編按：2021年改名前為 Fringe81）的松島先生與 Oneteam 的佐佐木先生，在新年之初邀請我舉辦 KPI 講座，以公司幹部為對象。我與這 2 家公司有著共同進行經營會議改革的緣分，因此他們對我產生興趣。

　　此外 3 月時，瑞可利控股的 M&A 負責人岡本先生，也邀請我對同部門的成員舉辦 KPI 講座。岡本先生曾參加過我的講座，因此興致勃勃地想將講座內容介紹給底下員工。

　　多虧這 2 次的課程，讓我有機會再度閱讀、整理資料、重新整理思緒。當天得到的問題也能成為寫書時的參考。

　　感謝所有參加講座的學員。

　　第四個好運，則與我的轉職有關。

　　我在接到這本書的企畫邀請 1 個月後，也就是 12 月，決定離開我服務 29 年的瑞可利集團，跳槽到株式會社 FIXER。

　　該公司的松岡社長以簡單又直接的方式邀請我，成為我下定決心的因素。從我第一次見到松岡先生，到做出轉職決定，只有短短 3 個禮拜。

　　原本我必須在轉職、交接、準備踏入新職場的忙碌中撰寫本書。或許出版計畫不得不延後，或至少交接工作應該會相當辛苦。

　　然而，我卻得到神的眷顧。

多重好運，助力連連

當時我在瑞可利工作研究所負責 4 項計畫。

第一項是海外委員。總部位於法國，主要委員則分布在歐美各國。由誰承接是個問題。

不過在 4 月的組織改組中，一同擔任委員的海外事業負責人羅伯先生接手了這項工作。

他人在荷蘭，而且與主要委員之間的關係比我更加緊密。我們只須透過電子郵件即可完成交接工作，不需要實質的交接手續。這真是一個意外之喜。

第二項是解決社會課題。這項工作將由取得出色成果，並且一起負責升級任務的二葉先生接手，因此也不需要實質的交接手續。

第三項則是瑞可利工作研究所的副所長業務。

當我告知大久保所長這個轉職決定時，他雖然驚訝卻仍以友人的身分支持我的決定。豐田先生、村田先生、石原先生等經理們，也都在大久保所長的指揮之下提供協助。

4 月起，我的前同事奧本先生就任副所長。

因此實際的交接手續也減少到最低限度。

最後是我自己的研究主題，這項工作就不需要交接了。

換句話說，由於接手工作的人都非常出色，因此交接近乎零成本。這樣的狀況可不常見。

所以我才說是「神的眷顧」。

多虧這點，我才得以在 1 月至 3 月的周末保有寫作時間。

第五個好運，是我選擇 FIXER 作為我的新職場。

該公司是雲端服務供應商，協助客戶將現有系統資產轉移到雲端，並將釋放出來的營運成本，運用到更具積極性的系統投資。

FIXER 雖然是新創企業，但已經擁有 100 名員工，員工從年輕到年長都有，甚至橫跨 9 個國家。為了與他們建立人際關係，需要進行一對一會議，做出各種判斷，平常需要相當多的能量。

但幸運的是，晚上和周末完全沒有關於工作的聯絡事宜。由於是新創企業，我本來已經做好忙碌的覺悟，這點倒是令人意外。也多虧這點，我在 4 月之後的假日才有時間進行最後的校稿。

就這樣，在多重好運的眷顧之下，從企畫到出版得以順利地以某種形式完成。

真是太幸運了。

包含這本書在內，我曾經寫過 7 本書。其中有 3 本已經出版，這是付梓成書的第四本。

但剩下的 3 本都寫到足以成書的字數，卻最終無法問世。

其中一本雖然想法有趣，但最終未能成書。另一本無法獲得

公司內部批准，因此無法成書。還有一本因為與編輯溝通不良，最後不了了之。

但這次卻沒有發生這些情形。

如果這本在幸運之下誕生的書籍，能夠對各位帶來或多或少的幫助，真是我的榮幸。

2018 年

中尾隆一郎

國家圖書館出版品預行編目(CIP)資料

主管必看！最強KPI管理術：活用10大步驟、53張圖表,績效輕鬆達標 / 中尾隆一郎著；林詠純譯. -- 初版. -- 臺北市：今周刊出版社股份有限公司, 2024.10
224 面;14.8X21 公分. -- (Unique ; 68)
譯自：最高の結果を出すKPIマネジメント
ISBN 978-626-7266-91-5(平裝)

1.CST: 企業管理 2.CST: 目標管理 3.CST: 績效管理

494.17　　　　　　　　　　　　　　　　　　113011517

Unique 68

主管必看！最強 KPI 管理術
活用 10 大步驟、53 張圖表，績效輕鬆達標
最高の結果を出す KPI マネジメント

作　　　者	中尾隆一郎
總 編 輯	李珮綺
特約主編	蔡緯蓉
封面設計	王俐淳
內文排版	陳姿仔
校　　對	吳昕儒

企畫副理	朱安棋
行銷企畫	江品潔
印　　務	詹夏深

發 行 人	梁永煌

出 版 者	今周刊出版社股份有限公司
地　　址	台北市中山區南京東路一段 96 號 8 樓
電　　話	886-2-2581-6196
傳　　真	886-2-2531-6438
讀者專線	886-2-2581-6196 轉 1
劃撥帳號	19865054
戶　　名	今周刊出版社股份有限公司
網　　址	http://www.businesstoday.com.tw

總 經 銷	大和書報股份有限公司
製版印刷	緯峰印刷股份有限公司
初版一刷	2024 年 10 月
定　　價	380 元

SAIKO NO KEKKA WO DASU KPI MANAGEMENT
by Ryuichiro Nakao
Copyright © Ryuichiro Nakao 2018
All rights reserved.
Original Japanese edition published by FOREST Publishing Co., Ltd., Tokyo.
This Complex Chinese edition is published by arrangement with FOREST Publishing Co., Ltd., Tokyo in care of Tuttle-Mori Agency, Inc., Tokyo through Keio Cultural Enterprise Co., Ltd., New Taipei City.
Traditional Chinese translation rights © 2024 by Business Today Publisher.
ALL RIGHTS RESERVED

版權所有，翻印必究
Printed in Taiwan